力学基礎

柴田絢也 著

本書の無断複写は，著作権法上での例外を除き，禁じられています。
本書を複写される場合は，その都度当社の許諾を得てください。

まえがき

　物理学は自然科学の中で最も基本とされる学問で，その中でも特に「力学」は，理工系の学生にとって必須の科目といってよいでしょう．この教科書は，高校で十分に物理(力学)を学んでこなかった，もしくは，全く履修してこなかった学生を読者の対象としています．力学では，物体の運動やその背後にある物理法則を学び，様々な基本的問題を**自分で考えて**解くことにより，物理学の基礎となる考え方や数理的な方法を修得することを目的とします．したがって，この教科書では物理的な考え方や様々な物理現象を表す数式に関して，(多少くどいかもしれませんが) 詳細な説明が与えられています．大事なことは，物理学を通して**ものの見方や考え方**の基礎を学ぶことであり，単に公式を暗記して問題が解ければよいというものではない，ということです．これからは，暗記して (試験が終わったら) 忘れることの繰り返しは止めましょう．それでは，大学での貴重な時間を無駄にすることになります．

　とはいっても，物理的な考え方の基本を身に付けるにはそれなりの労力は必要です．おそらくこれが物理を嫌いになる，あるいは，苦手意識をもつ理由の 1 つかもしれません．しかし，物理は最初のハードルを越えると一気に視野が開けてきて面白くなってきます．最初は大変ですがそれを克服して，物理的な考え方と数理的な処理能力を是非習得して下さい．結局は，じっくり読んで**自分で考えて手を動かして (計算して) 理解する**しかないと思います．そのため本書は，独学できるように演習問題の解答もかなり詳しく書いてあります．

　今後の人生において，ある困難にであったとき，基礎に立ち返り問題を解決することができるようになるには，物理学の考え方は非常に有効で役立つはずです．

2012 年 10 月 10 日

著　者

目　次

1. はじめに　　1
  1.1　力学とは ……………………………………………………………… 1
  1.2　単位と次元 …………………………………………………………… 2
  1.3　単位の前の接頭語 …………………………………………………… 4
  1.4　ギリシャ文字 ………………………………………………………… 5
  演習問題 …………………………………………………………………… 5

2. 直線運動 (1)　　6
  2.1　位置の表し方 ………………………………………………………… 6
  2.2　速度の表し方 ………………………………………………………… 9
  2.3　等速度運動 …………………………………………………………… 11
  演習問題 …………………………………………………………………… 13

3. 直線運動 (2)　　14
  3.1　加速度の表し方 ……………………………………………………… 14
  3.2　等加速度運動 ………………………………………………………… 16
  演習問題 …………………………………………………………………… 19

4. 落下運動　　21
  4.1　重力加速度 …………………………………………………………… 21
  4.2　自由落下運動 ………………………………………………………… 21
  4.3　鉛直投げ上げ運動 …………………………………………………… 23
  演習問題 …………………………………………………………………… 26

5. 放物運動　27

5.1 放物運動 …………………………………………………………………… 27
5.2 ベクトル …………………………………………………………………… 27
5.3 水平投射運動 ……………………………………………………………… 29
5.4 斜方投射運動 ……………………………………………………………… 31
演習問題 ………………………………………………………………………… 35

6. 等速円運動　37

6.1 等速円運動 ………………………………………………………………… 37
6.2 向心加速度 ………………………………………………………………… 38
6.3 座標表示における等速円運動 …………………………………………… 40
演習問題 ………………………………………………………………………… 41

7. 単振動運動　42

7.1 単振動運動 ………………………………………………………………… 42
演習問題 ………………………………………………………………………… 44

8. 力のはたらき　45

8.1 力のはたらき ……………………………………………………………… 45
8.2 力の表し方 ………………………………………………………………… 45
8.3 力の合成 …………………………………………………………………… 46
8.4 力のつりあい ……………………………………………………………… 46
8.5 力の分解 …………………………………………………………………… 47
8.6 作用・反作用の法則 ……………………………………………………… 48
8.7 いろいろな力 ……………………………………………………………… 48
演習問題 ………………………………………………………………………… 51

9. 運動の法則　55

9.1 運動の法則 ………………………………………………………………… 55
9.2 運動方程式(ニュートン方程式) ………………………………………… 56
9.3 運動方程式のたて方 ……………………………………………………… 57
9.4 動摩擦力 …………………………………………………………………… 59
9.5 ばねの弾性力による単振動運動 ………………………………………… 60
演習問題 ………………………………………………………………………… 61

10. 仕事　65

10.1 仕事 ………………………………………………………………………… 65
10.2 重力のする仕事 …………………………………………………………… 66

10.3　力が位置に依存するときの仕事 …………………………………… 68
10.4　仕 事 率 ……………………………………………………………… 69
演習問題 ……………………………………………………………………… 69

11. 仕事とエネルギー　71
11.1　仕事と運動エネルギー ……………………………………………… 71
11.2　仕事と位置エネルギー ……………………………………………… 74
演習問題 ……………………………………………………………………… 79

12. 力学的エネルギー保存則　81
12.1　力学的エネルギー保存則 …………………………………………… 81
12.2　力学的エネルギー保存則が成り立たない場合 …………………… 86
演習問題 ……………………………………………………………………… 87

13. 運動量保存則　90
13.1　運動量と力積 ………………………………………………………… 90
13.2　運動量保存則 ………………………………………………………… 92
13.3　反発係数 (はねかえり係数) ………………………………………… 93
演習問題 ……………………………………………………………………… 95

A. 微分・積分を使った物理量の表現　97
A.1　微分による速度および加速度 ……………………………………… 97
A.2　積分による速度の変化量（速度）および変位（位置）………… 98
A.3　微分方程式としての運動方程式 …………………………………… 100
A.4　仕事と位置エネルギーの積分による表現 ………………………… 102
A.5　エネルギー原理の一般的証明 ……………………………………… 103
A.6　エネルギー保存則の一般的証明 …………………………………… 104
A.7　運動量と力積の一般的な関係式 …………………………………… 104

参 考 文 献　106

演習問題解答　107

索　　引　128

1 はじめに

1.1 力学とは

　筆者が昔小さい頃に読んだ**ガリレオ・ガリレイ**[1]の伝記の中に,「重さの異なる二つの物体を同時に落としたらどちらが先に落ちるか？」という問題があった[2]. もちろん, 物体が地面に落ちるのは**重力**という**力**が物体にはたらいているからであり, その落下運動は物体の**質量**に関係しない. つまり, 重さの異なる二つの物体は同時に地面へ落ちる. この事実はあまりにも有名で多くの人が知っていることであろう. しかしながら, 何故同時に落ちるのか？どれ位の時間で落ちるのか？と聞かれると, ちゃんと説明できるひとは少ないのではないであろうか.

　この疑問に答えを与えるのが**力学**である. つまり, 力学は物体間にはたらく力とそれによる**運動**を調べる物理学の分野であり, ガリレオ・ガリレイの後, **アイザック・ニュートン**[3]により定式化された. 彼がまとめた**運動法則**によれば, 物体の運動状態を変化させる(**加速度が生じる**)のが力である. そして, この運動と力の関係は数学的な関係式を使って表すことができるのである. つまり, 我々の身の回りに起こる様々な物理現象は**数式**という**万国共通の強力な言葉**で表すことができる. これにより, 様々な**物理量**を数値化し**測定**という実験手段を用いることによって物理法則が定式化されていく. そしてこの力学を学ぶことによって, このような自然科学的なものの見方や考え方の基礎となる論理的思考能力および数理的処理能力が養われるのである. 是非ともここでじっくり学んでいってほしい.

　今後, 物理的に重要な語句については**太文字**で, 数学的な言葉については下線が引いてある. 特に数学的な言葉については, 適宜, 数学の教科書などで意味を確認しておくとよい.

---

[1] Galileo Galilei (1564-1642):「天文対話」(1632年)
[2] この素朴な疑問に答えるべく, ガリレオ自らピサの斜塔で公開実験を行ったというのは逸話だそうである.
[3] Issac Newton (1642-1727):「自然哲学の数学的諸原理（プリンキピア）」(1687年)

1.2 単位と次元

単 位 系

物理学 (力学) で扱う**物理量**には必ず**単位**というものがある．例えば，**速さ**の単位は 1 秒あたり何 m 進むというように，**長さ** (m) と**時間** (s) [4] の単位からつくられ，m/s である．このように物理量の単位は，長さや時間などの基準になる**基本単位**を定めると，それから定義や法則をもとにして組み立てられる．

力学で扱う物理量は，基本単位である，**長さ** (m)，**質量** (kg)，**時間** (s) の乗除 (かけたり，割ったり) ですべて表すことができる[5]．このように，長さに m, 質量 kg, 時間に s, を用いた単位系を **MKS 単位系**とよぶ[6]．

今後，様々な物理量を数式で表していく．例えば，「x 軸上を一定の速度 v で運動する質量 m の物体が $\cdots$」などのように，**速度** v や**質量** m といった物理量が現れる．このとき，v や m は**それ自体単位を含んだ量**であることに注意しよう[7]．したがって，物理量を具体的に数値で表すときは，$v = 2.0$ m/s のように，必ず数値の後に単位を書かなくてはならない．それだけ単位というのは物理学にとって大切なものである[8]．

次　　元

ある物体の長さがいくつかを表すときに，例えば，1 m や 100 cm などのように，どの単位系を用いるかによってそれぞれ表し方は異なる．しかし，どの単位系を使おうとも長さは長さである．そこで，単位系に限らず長さというものを表すのに**次元**というものが用いられる．長さの次元は Length の頭文字をとって，L, 質量の次元は Mass の頭文字をとって，M, そして，時間の次元は Time の頭文字をとって，T である．これらを，

$$[長さ] = \mathrm{L}, \quad [質量] = \mathrm{M}, \quad [時間] = \mathrm{T}$$

と表す．これらを用いると，例えば，速さの次元は

$$[速さ] = \mathrm{LT}^{-1}$$

となる．次元式は L, M, T の順に書き，分数式 $\dfrac{L}{T}$ は用いないので注意しよう[9]．

表 1.1 に，いろいろな物理量の単位と次元をまとめておく．今後，物理量を考えるときは必ず単位を念頭に置こう．また，同じ単位をもつ物理量どうしを足したり引いたりする

---

[4] 秒は second(秒) の s を用いることが多い．1 秒 = 1s
[5] 電磁気学の場合は，これに**電流** (**A** アンペア) が加わる．
[6] 長さに cm, 質量 g, 時間に s を用いた **CGS 単位系**が使われることもある．
[7] これを強調するときによく式の後ろに，v (m/s) のように括弧をつけて単位をかく場合があるが，本書ではかかない．
[8] 一般に，単位は**ローマ字体**，式は**イタリック体**とよばれるフォントで書かれる．例えば，**仕事**を表す式はよく W と表すが，これは，イタリック体である．一方，**仕事率の単位は** W(ワット) であり，これはローマ字体である．
[9] 単位の場合は，m/s と表すのが普通である．

1.2 単位と次元

ときは必ず単位をそろえることが必要である[10].

表 1.1 いろいろな物理量の単位と次元

物理量	表式	単位 (MKS)	次元
距離, 位置	s, x	m	L
質量	m	kg	M
時間	t	s	T
速度 (速さ)	v	m/s	LT^{-1}
加速度	a	m/s^2	LT^{-2}
力	$ma = F$	N (ニュートン)= kg·m/s^2	LMT^{-2}
運動量, 力積	$p = mv, Ft$	N·s=kg·m/s	LMT^{-1}
仕事, エネルギー	$W = Fs, E = K + U$	J (ジュール)=kg·m^2/s^2	L^2MT^{-2}
仕事率	$P = W/t$	W (ワット)=J/s=kg·m^2/s^3	L^2MT^{-3}

次元解析 — 計算を始める前の強力な武器 —

ここでは，簡単に**次元解析**について述べておく．この次元解析は，ある求めたい物理量の式の形を推定するのに非常に役立つ武器である[11]．

［例］ 質量 m のボールを速さ v で真上に投げたときの最高到達点の高さ h を求めよ．ただし，重力加速度の大きさを g (m/s^2) とする．

［例解］ これを次元解析を用いて，高さ h の式の形を推定してみよう．高さの次元は L であるから，質量 m, 速さ v, 重力加速度 g をうまく組み合わせて，次元が L になるようにする．したがって，**組立式** を

$$h = cm^x v^y g^z \tag{1.1}$$

とおこう．ここで，c は**無次元**の定数である．すなわち，c の次元式を $[c]$ とすると，$[c] = 1$ である．両辺の次元が等しいから，次元式は，

$$L = M^x(LT^{-1})^y(LT^{-2})^z = L^{y+z}M^x T^{-y-2z} \tag{1.2}$$

となる．これから両辺を比べて，x, y, z を決める式は，

$$x = 0, \quad y + z = 1, \quad -y - 2z = 0, \tag{1.3}$$

となり，これらを解くと，

$$x = 0, \quad y = 2, \quad z = -1 \tag{1.4}$$

となる．式 (1.1) にこれら x, y, z の値をいれて，最高到達点における高さは

$$h = cm^0 v^2 g^{-1} = c\frac{v^2}{g} \tag{1.5}$$

となる．この無次元の定数 c は次元解析からでは求めることができない．実際にはちゃんと**運動方程式**などを解いて計算して求める必要がある．今の場合，$c = \frac{1}{2}$ である．しかしながら，運動方程式を解くことなく次元解析のみを用いて，求めたい物理量の式の形を推定できるということは，驚くべきことである[12]．

---

[10] 例えば，質量 1kg の水に質量 500 g の塩を加えると何 kg になるかは，1 kg + 500 g = 1kg + 0.5kg = 1.5kg である．

[11] 次元解析という言葉をはじめて聞いた学生は，今はここを読み飛ばしても構わない．先に進んでいろいろ問題を解いて少し慣れてきたところで，ここを読み返すと，この次元解析の強力さが分かるはずである．

1.3 単位の前の接頭語

物理では物理量の大きさをみてすぐにイメージできることが大切である．そのときに，表 1.2 のように，k (キロ), c (センチ), m (ミリ) などがよく出てくるのでまとめておく．最近では，「ナノテク」という言葉を聞くが，この「ナノ」というのは，10^{-9} のことで[13]

$$n = 10^{-9} = \underbrace{\frac{1}{1000000000}}_{0 \text{ が } 9 \text{ つ}} = \underbrace{0.000000001}_{0 \text{ が } 9 \text{ つ}}$$

のことである．例えば，最近の技術では 100 nm 幅の金属の細線を比較的用意に作ることができる．これがどれぐらいの細さかというと，100 nm の細線を 1000 本束ねたら，だいたい髪の毛の細さ (0.1 mm) ぐらいになる．つまり，髪の毛を 1000 等分したときの，その 1 本の細さが 100 nm である．つまり，

$$\begin{aligned}
100 \text{ nm} \times 1000 &= 1 \times 10^2 \times 10^{-9} \times 1 \times 10^3 \text{ m} \quad \rightarrow \quad \text{全て指数で表す} \\
&= 1 \times 10^{2-9+3} \text{ m} \quad \rightarrow \quad \text{指数はいったんまとめる} \\
&= 1 \times 10^{-4} \text{ m} \\
&= 1 \times 10^{-1} \times 10^{-3} \text{ m} \quad \rightarrow \quad \text{接頭語に用いる指数 } (10^{-3}) \text{ を引き出す} \\
&= 0.1 \text{mm} \quad \rightarrow \quad 10^{-3} \text{を接頭語 (m) で表す}
\end{aligned}$$

である．

表 1.2 接頭語

記号	大きさ	名称	記号	大きさ	名称
Y	10^{24}	ヨタ (yotta)	d	10^{-1}	デシ (deci)
Z	10^{21}	ゼタ (zetta)	c	10^{-2}	センチ (centi)
E	10^{18}	エクサ (exa)	m	10^{-3}	ミリ (milli)
P	10^{15}	ペタ (peta)	u	10^{-6}	マイクロ (micro)
T	10^{12}	テラ (tera)	n	10^{-9}	ナノ (nano)
G	10^9	ギガ (giga)	p	10^{-12}	ピコ (pico)
M	10^6	メガ (mega)	f	10^{-15}	フェムト (femto)
k	10^3	キロ (kilo)	a	10^{-18}	アト (atto)
h	10^2	ヘクト (hecto)	z	10^{-21}	ゼプト (zepto)
da	10^1	デガ (dega)	y	10^{-24}	ヨクト (yocto)

このように，m (ミリ) $= 10^{-3} = 0.001$ などのように，単位の前にある記号は，**単位のではなく，10 の何乗を表す接頭語**である．今後，特に断らない限り，結果は MKS 単位系で表す．今のうちに，時速を秒速に直すなどの**単位の換算**には慣れておこう．

---

[12] 物理学の研究では，ある物理量の無次元の定数を計算するのに，1 日，数週間，へたすると数ヶ月かかる場合もある．

[13] 「テク」は，technology (テクノロジー): 技術，科学技術のことである．

1.4 ギリシャ文字

物理学(力学)で扱う数式にはよくギリシャ文字が出てくるのでまとめておく．これらが読めるようになれば，記号に煩わされることはなくなるだろう．

表 1.3 ギリシャ文字

大文字	小文字	名前	大文字	小文字	名前
A	α	アルファ (alpha)	N	ν	ニュー (nu)
B	β	ベータ (beta)	Ξ	ξ	クサイ (xi)
Γ	γ	ガンマ (gamma)	O	o	オミクロン (omicron)
Δ	δ	デルタ (delta)	Π	π	パイ (pi)
E	ϵ	イプシロン (epsilon)	P	ρ	ロー (rho)
Z	ζ	ゼータ (zeta)	Σ	σ	シグマ (sigma)
H	η	イータ (eta)	T	τ	タウ (tau)
Θ	θ	シータ (theta)	Y	υ	ユプシロン (upsilon)
I	ι	イオタ (iota)	Φ	ϕ	ファイ (phi)
K	κ	カッパ (kappa)	X	χ	カイ (chi)
Λ	λ	ラムダ (lambda)	Ψ	ψ	プサイ (psi)
M	μ	ミュー (mu)	Ω	ω	オメガ (omega)

■■■ 演習問題 ■■■

1.1 1 km, 1 mm, 1 cm は何 m か．

1.2 1 g は何 kg か．また，1 kg は何 g か．

1.3 1 h(1 時間) は何秒 (s) か．また，1 秒 (s) は何時間 (h) か．

1.4 圧力は**単位面積当たりにはたらく力**であり，その単位は力の単位である N（ニュートン）をもちいて，Pa（パスカル）=N/m^2 で与えられる．ここで，1013 hPa を MKS 単位を用いて表せ．

1.5 密度 ρ とは**単位体積当たりの質量**である．$\rho=1$ g/cm^3 の物体において，これを MKS 単位に換算すると何 kg/m^3 になるか．また，$\rho=1$ kg/m^3 の物体は cgs 単位に換算すると何 g/cm^3 か．

1.6 一端を閉じたガラス管に水銀を満たし，上端をふさいで水銀槽中で逆さにすると，管内の水銀は下がり上部に真空を生じ，管内の水銀面は水銀槽面よりある高さ h を保つ．これは，大気の圧力 p_a がそれだけの水銀柱を押し上げるためである．水銀の密度を ρ，**重力加速度の大きさ**を g とすれば，大気圧の強さは $p_a = \rho g h$ で与えられる．1 気圧では水銀の高さは $h=760$ mm となる．水銀の密度を $\rho=13.5951\times 10^3$ kg/m^3，重力加速度の大きさを $g=9.80665$ m/s^2 として，1 気圧を Pa=N/m^2 の単位を用いて有効数字 4 桁で表せ．

2
直線運動（1）

2.1 位置の表し方

位　　置

　物体の運動を理解するためには，その**位置**とそれが**時間**の経過とともにどのように**変化**するかを知る必要がある．そのために，まずは運動の表し方に慣れるために直線上を運動する物体を取り上げ，物体の位置をどのように表すかについて考えよう[1]．

　図 2.1 のように，直線的に運動している物体を考えよう．まず，この物体の運動の方向に沿って座標軸を設定する．ここでは，x 軸を座標軸とし，原点を $x = 0$ m の位置とし，そこから**右向きを正の向きとする (左向きを負の向きとする)**．このように座標軸を設定しておけば，物体の位置はこの x 軸上の点 (座標) で表すことができる．つぎに，時間を設定しよう．例えばストップウォッチのボタンを押したときを時間の基準，すなわち，$t = 0$ s，にとり，それから，1 秒，2 秒，$\cdots$ などのように，各時刻毎に物体の位置を対応づける[2]．例えば，物体の直線運動の時間と位置を測定し，その結果が表 2.1 のようになったとしよう．

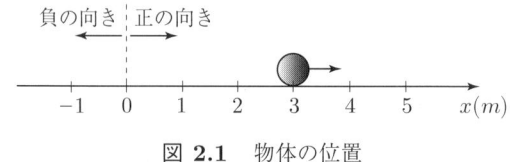

図 **2.1**　物体の位置

---

[1] 我々が住んでいる世界はもちろん 3 次元空間であり，物体の運動も一般には 3 次元的である．しかしながら，100 m 走や電車の運行などを想像すれば分かるように，日常的にはほぼ直線上 (1 次元) の運動もよく目にする．したがって，まずは簡単な 1 次元からはじめて徐々に次元を上げていき拡張していく．このような方法は，物理でよく用いる．基本が肝心である．

[2] 時間と時刻の違いに注意しよう．時刻はある特定の時間を表す．

2.1 位置の表し方

表 2.1　時間と位置の関係

時間 t (s)	0	1	2	3	4	5	⋯
位置 x (m)	0	2	4	6	8	10	⋯

　この表 2.1 をもとに，横軸を時間 t，縦軸を物体の位置 x として測定点を打っていくと図 2.2 のようになる．ここで，時間の単位は秒 (s)，位置の単位はメートル (m) で表す．これから，物体は時間の経過とともに原点から正の向きへ移動していくことがみてとれる．しかも，各時間毎の移動する間隔はどこも同じである[3]．さらに詳細な物体の運動を知るには，測定点を増やし点と点を結んでグラフを作成すればよい．このような物体の位置 x と時間 t の関係を表すグラフを **x-t グラフ**とよぶ．x-t グラフが作成できれば，物体の位置 x を時間 t の関数として，

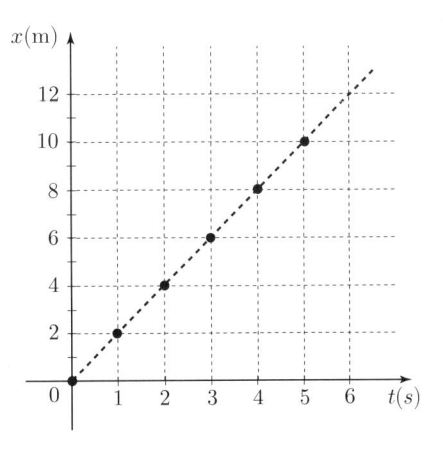

図 2.2　x-t グラフ

$$x = x(t) \tag{2.1}$$

と表すことができる．例えば，図 2.2 の x-t グラフより，時刻 $t=1$ s の時に物体が $x=2$ m の位置にいるので，これを $x_1 = x(1) = 2$ m のように書く．ここで，各項の意味は，

$$\underbrace{x_1}_{\text{時刻 }t=1\text{s における位置}} = \underbrace{x(1)}_{x(t) \text{ に }t=1\text{s を代入したもの}} = \underbrace{2\text{ m}}_{\text{具体的な値 (単位が必要)}} \tag{2.2}$$

である．つまり，物体の位置 x を時間 t を変数とする関数 $x(t)$ として表すことができれば，物体の運動は完全に分かるのである．ここで，関数という数学で使ってきた言葉が出てきたので，その対応を詳しく述べておく．式 (2.1) は数学との対応でいうと，時間 t を独立変数とする関数 $x(t)$ に t を代入すれば，左辺の位置 x が従属変数として得られるということを表している．これから分かるように，左辺の x と右辺の x は全く異なるものであるが，物理では慣習上同じ記号を用いるので注意しよう[4]．

$$\underbrace{x}_{\text{時刻 }t\text{ における位置 (従属変数)}} = \underbrace{x(t)}_{\text{時間 }t(\text{独立変数})\text{ の関数}} \tag{2.3}$$

---

[3] これは後に習う**等速度運動**の特徴である．
[4] 数学では $y=f(x)$ とよく書くが，この場合，x が独立変数，$f(x)$ が関数，y が従属変数である．物理と数学では扱う変数が異なるので注意しよう．

[**例 1**] 表 1 の結果から，時間 t の関数として $x(t)$ を推定せよ．($x(t) = 2t$).

[**例 2**] 斜面を滑り落ちる物体に対して，斜面にそって x 座標軸を設定し位置を測定したところ，表 2.2 のような結果を得た．これから，x-t グラフを作成し，[例 1] と同様に $x(t)$ を推定せよ．($x(t) = 0.1t^2$，グラフは省略).

表 2.2

時間 t (s)	0	1	2	3	4	5	⋯
位置 x (m)	0	0.1	0.4	0.9	1.6	2.5	⋯

変 位

物体の位置の時間的変化を考える前に，物体の**変位**を定義しておこう．変位とは**位置の変化量**のことである[5]．

図 2.3 のように，x 軸上を運動している物体を考える．この物体が，時刻 t のときに点 $x = x(t)$ の位置にいて，それから Δt だけ経過した時刻 $t + \Delta t$ のときに点 $x + \Delta x = x(t + \Delta t)$ の位置に移動したとき，物体の変位を

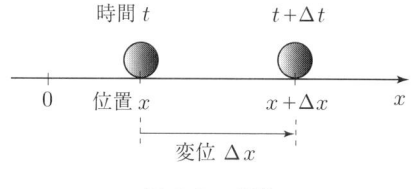

$$x(t + \Delta t) - x(t) = x + \Delta x - x = \Delta x \quad (2.4)$$

図 2.3 変位

と定義する．ここで，時間間隔を表す Δt や変位を表す Δx は，決して $\Delta \times t$ や $\Delta \times x$ ではなく，ひとまとまりものである．例えば，時間間隔が 0.1 s なら，$\Delta t = 0.1$ s などのように表す．

この変位は正 ($\Delta x > 0$) にも負 ($\Delta x < 0$) にもなることに注意しよう．例えば，はじめ物体は $x = x(t) = 3.0$ m の位置におり，その後，$x + \Delta x = x(t + \Delta t) = 5.0$ m の位置に移動したとすれば，変位は

$$\underbrace{\Delta x}_{\text{変位}} = \underbrace{5.0}_{\text{移動後}} - \underbrace{3.0}_{\text{移動前}} = 2.0 \text{ m} > 0 \quad (2.5)$$

となるが，もし，移動後の位置が $x + \Delta x = x(t + \Delta t) = 1.0$ m だったとすると，

$$\Delta x = 1.0 - 3.0 = -2.0 \text{ m} < 0 \quad (2.6)$$

と負になる．このように，変位の値が正か負かで，いまの場合，物体が右に移動したか左に移動したかが分かる．また，その大きさは絶対値をつけて $|\Delta x|$ と表すが，これは**移動距離**のことである．したがって，変位 Δx はその大きさ $|\Delta x|$ (移動距離) だけでなく，向きのある物理量である．このように，大きさだけでなく向きもあるものを一般に数学ではベクトルとよぶ[6]．

---

[5] 今後，変位のようにある量の**変化量**というものがよく現れる．この変化量は，変化した後の量と変化する前の量を比較するものであり，[変化量] = [変化した後の量] − [変化する前の量] で与えられる．

[6] 移動距離などのように大きさだけをもつものを，数学ではスカラーとよぶ．

2.2 速度の表し方

ある時刻における物体の位置だけが分かったとしても，例えば，1秒後にどこにいるかは予想することができない．しかしながら，物体が1秒でどの方向に変位するか，その傾向を知っていれば，次の運動をだいたい予想することができる．そこで，ある時間間隔あたりの物体の変位を考えよう．これを**平均の速度**とよぶ．また，物体が運動しているとき，ある時刻においてその瞬間の速度も定義することができる．これを平均の速度と区別して**瞬間の速度**，あるいは単に，**速度**とよぶ．ここでは，この二つの速度を定義し，最後に物体の運動で最も基本的な**等速度運動**を取り上げる．

平均の速度

図 2.4 の x-t グラフで表されている物体の運動を考えよう．時刻 t において，$x = x(t)$ の位置にいた物体が，時刻 $t + \Delta t$ において $x + \Delta x = x(t + \Delta t)$ の位置まで移動したとする．つまり，Δt だけかかって Δx だけ進んでいる．そこで，この時間間隔 Δt あたりの物体の変位 Δx である，次の量，

$$\bar{v} = \frac{x(t + \Delta t) - x(t)}{(t + \Delta t) - t} = \frac{\Delta x}{\Delta t} = \frac{変位}{時間間隔} \tag{2.7}$$

を**平均の速度**と定義する．表 2.1 から具体的に平均の速度を計算してみよう．例えば，$x_1 = x(1) = 2\,\text{m}$, $x_2 = x(2) = 4\,\text{m}$ から，$\Delta x = 2\,\text{m}$, $\Delta t = 1\,\text{s}$ より，平均の速度は

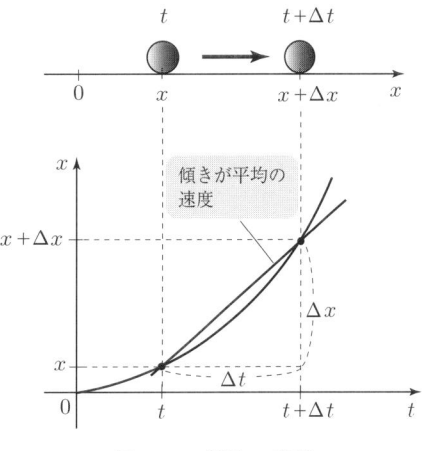

図 2.4 平均の速度

$$\underbrace{\bar{v}}_{平均の速度} = \underbrace{\frac{\Delta x}{\Delta t}}_{変位/時間間隔} = \underbrace{\frac{2\,\text{m}}{1\,\text{s}}}_{単位に注意} = \underbrace{2\,\text{m/s}}_{具体的な値\,(単位が必要)} \tag{2.8}$$

となる．つまり，**平均して1秒で正の方向に1m だけ移動する**ことを表している．また，これから分かるように**速度の単位**は m/s である[7]．

この平均の速度は，グラフから明らかなように，2点間を結ぶ直線の傾きである．前節で説明したように，変位は正 (右向き) にも負 (左向き) にもなるので，平均の速度も変位と同じ符号 (向き) を持つことが分かる ($\Delta t > 0$ なので)．つまり，速度は大きさだけでなく，向きをもつ**ベクトル**である．また，速度の大きさを**速さ**とよび，これを $|\bar{v}|$ と表す[8]．

---

[7] 計算の途中で単位を書く必要はないが，慣れるまでは書いておいた方がよい．最後の結果に単位を書き忘れるミスが防げる．

[8] したがって，速さはスカラーである．

[例] 池袋駅から鶴ヶ島駅までの 40 km の距離を 39 分で運行する電車の平均の速さを求めよ.

[例解] $|\bar{v}| = \dfrac{40 \times 10^3 \text{ m}}{39 \times 60 \text{ s}} = 17.09 \cdots \simeq 17 \text{ m/s}$(時速 62 km)

瞬間の速度

電車の運行状況をイメージすれば分かるように，物体はいつも同じ速度で運動しているとは限らないので，平均の速度はいろいろ変化してしまう．そこで，ある時刻でのまさにその時の速度を知りたい場合はどのように考えたらよいであろうか？このような速度を**瞬間の速度**という．

図 2.5 の x-t グラフで表されている物体の運動を考えよう．まず，時間間隔 Δt における平均の速度は前節の式 (2.7) で与えられる．次に，少し時間間隔を狭めて，例えば，半分 ($\Delta t/2$) にしてみよう．すると，平均の速度 $\bar{v}$

$$\bar{v} = \frac{x(t+\Delta t/2) - x(t)}{\Delta t/2} \tag{2.9}$$

で与えられる．これは図 2.5 から明らかなように，傾きが異なるので，式 (2.7) とは異なる．このように，平均の速度は時間間隔を変えてしまうと変化してしまう．そこで，この時間間隔をどんどん小さくしていき，極限的にゼロにしてしまおう．このとき直線の傾きは徐々に時刻 t における接線の傾きに近づいていく (図 2.5)．この接線の傾きを**瞬間の速度**とよぶ．数学的には $\Delta t \to 0$ の極限をとることに対応する．このように，任意の時刻 t における瞬間の速度は x-t グラフの接線の傾きで与えられる．したがって，いろいろ時刻をとって，そこでの接線の傾きを求めていけば，瞬間の速度 v を時間 t を変数とする関数

$$v = v(t) = \lim_{\Delta t \to 0} \frac{\Delta x}{\Delta t} \tag{2.10}$$

として表すことができる[9]．この瞬間の速度も，物体の位置を時間の関数として $x = x(t)$ と表したのと同様に，左辺の v と右辺の $v(t)$ は全く異なるものを表していることに注意しよう．つまり，

$$\underbrace{v}_{\text{時刻 }t\text{ における瞬間の速度の値 (従属変数)}} = \underbrace{v(t)}_{\text{時間 }t\text{(独立変数) の関数}} \tag{2.11}$$

---

[9] これはまさに微分に他ならないが，詳細は付録を参照のこと．

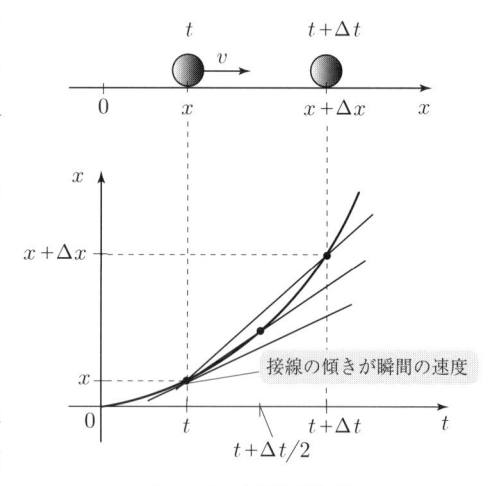

図 2.5 瞬間の速度

である．例えば，

$$\underbrace{v_0}_{\text{時刻 0 における速度}} = \underbrace{v(0)}_{\text{時間 } t \text{ の関数 } v(t) \text{ に } t=0 \text{ を代入したもの}} = \underbrace{1 \text{ m/s}}_{\text{具体的な値 (単位が必要)}} \tag{2.12}$$

のように表す．

物体の運動の測定などにより，物体の瞬間の速度 $v = v(t)$ が時間 t の関数として与えられれば，横軸を時間 t，縦軸を瞬間の速度 v として物体の瞬間の速度と時間の関係をグラフとして表すことができる．このグラフを **v-t グラフ** という．また，瞬間の速度の大きさは $|v|$ で与えられ，これを **瞬間の速さ** とよぶ．今後，瞬間の速度 (速さ) のことを簡単のために速度 (速さ) とよぶことにする．

[例] 斜面を滑り落ちる物体に対して，斜面にそって x 軸座標を設定し速度を測定したところ，表 2.3 のような結果を得た．これから，v-t グラフを作成し，$v(t)$ を推定せよ．($v(t) = 0.2t$，グラフは省略)．

表 2.3

時間 t (s)	0	1	2	3	4	5	⋯
速度 v (m/s)	0	0.2	0.4	0.6	0.8	1.0	⋯

2.3 等速度運動

物体の速度が **一定** の運動を **等速度運動** という[10]．したがって，物体は最初に与えられた速度 (**初速度**) で運動するので，平均の速度と瞬間の速度は常に等しい．つまり，等速度運動とはこの二つの速度が等しい運動ということもできる．等速度運動は物体の **初期位置**[11] および初速度が分かれば，時間 t の関数として物体の速度 $v = v(t)$ および位置 $x = x(t)$ を完全に求めることができる．

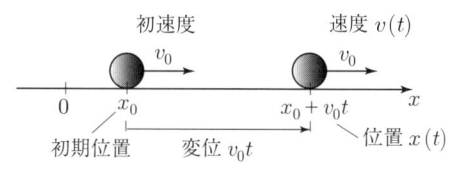

図 2.6 等速度運動

図 2.6 のように，物体が x 軸上を初速度 $v_0 = v(0)$ で等速度運動をしているとすると[12]，この後も物体は速度 v_0 で運動を続けるから，任意の時刻 t における速度は

$$v = v(t) = v_0 \tag{2.13}$$

---
[10] ここで，一定とは時間的に変化しないという意味である．
[11] 時刻 $t = 0$ における物体の位置のことをさす．
[12] ここで，$v_0 = v(0)$ の意味は，これから求める関数 $v(t)$ に時刻 $t = 0$ を代入し，その時の値を一般に v_0 とするということである．したがって，v_0 は状況に応じていろいろ値を変えることができる．例えば初速度がゼロであれば，$v_0 = 0$ とすればよい．このように時刻 $t = 0$ の値を決めることを一般に **初期条件を課す** という．

で与えられる．したがって，速度は時間に関係なく一定であるから，v-t グラフは図2.7(a) のように，時間軸に平行な直線となる．次に時刻 t における物体の位置 $x = x(t)$ を求めよ

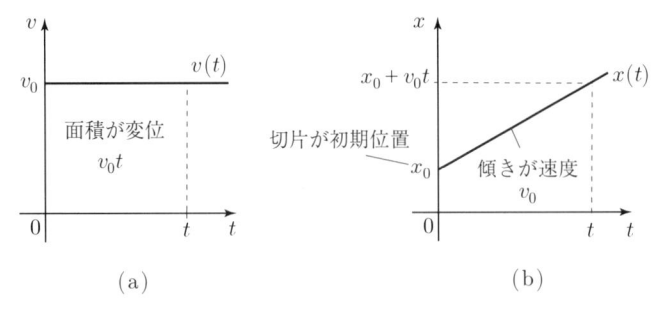

図 2.7 等速度運動における (a)v-t グラフと (b)x-t グラフ

う．ここでは，もっとも一般的な状況を考えて，$t = 0$ において物体は $x_0 = x(0)$ にいたとしよう．それから t だけ経過した時の物体の位置は，平均の速度の定義から直ちに求めることができる．今の場合，平均の速度 $\bar{v}$ は，

$$\bar{v} = \frac{変位}{時間間隔} = \frac{x - x_0}{t - 0} \tag{2.14}$$

で与えられる．等速度運動においては，これが瞬間の速度 v_0 に等しい．したがって，

$$\frac{x - x_0}{t} = v_0 \quad \rightarrow \quad x - x_0 = v_0 t \tag{2.15}$$

となるので，

$$x = x(t) = x_0 + v_0 t \tag{2.16}$$

が得られる．これは，時間 t を変数とする<u>1次関数</u>であるから x-t グラフは図 2.5(b) のように<u>直線</u>となり，その<u>直線の傾き</u>は速度 v_0 を与える．また，<u>切片</u>は初期位置を与えている．一方，v-t グラフ (2.7(a)) において，$v = v(t) = v_0$ と $t = 0$ から t までを囲む面積を求めてみると $v_0 t$ となる．これは，式 (2.15) から分かるように，物体の変位と同じ式である．このように，v-t グラフとある時間間隔を囲む面積がその間の変位となることは，等速度運動に限らず一般的に成り立つ[13]．

---

[13] ある関数とある区間で囲まれる面積を求めることは，関数をその区間で<u>積分</u>することに他ならない (<u>定積分</u>)．速度の積分と変位との関係については付録を参照のこと．

> **等速度運動のまとめ**
>
> 速度：$v = v(t) = v_0$（一定）$\to$ ベクトル量（大きさと向きをもつ量）
>   大きさ（速さ）：$|v_0|$
>   向き：$v_0 > 0 \cdots$ 正の向き，$v_0 < 0 \cdots$ 負の向き
> v-t グラフの面積：$v_0 t =$ 物体の変位：$x - x_0$
> 変位：$x - x_0 = v_0 t \to$ ベクトル量
>   大きさ（移動距離）：$|x - x_0|$
>   向き：$x - x_0 > 0 \cdots$ 正の向き，$x - x_0 < 0 \cdots$ 負の向き
> 位置：$x = x(t) = x_0 + v_0 t$
> x-t グラフの傾き：$v_0 =$ 速度
> x-t グラフの切片：$x_0 =$ 初期位置

■■ 演習問題 ■■

2.1 x 軸上を運動する物体がある．時刻 $t=0$ において，$x_0 = x(0) = 4.0$ m の位置にあった物体が，時刻 $t = 3.0$ s において，$x_3 = x(3) = 7.0$ m の位置に移動したとすると，物体の変位，移動距離，平均の速度および平均の速さはそれぞれいくらか．

2.2 x 軸上を運動する物体がある．時刻 $t = 1.0$ s において，$x_1 = x(1) = 8.0$ m の位置にあった物体が，時刻 $t = 4.0$ s において，$x_4 = x(4) = 2.0$ m の位置に移動したとすると，物体の変位，移動距離，平均の速度および平均の速さはいくらか．

2.3 ジャンボジェット機が上空を 1 時間あたり 900 km の速さで飛行している．このときの平均の速さは秒速何 m か．また，この飛行機が 1 km 移動するのにかかる時間を求めよ．

2.4 自動車が毎秒 15 m の速さで走行している．このときの平均の速さは毎時何 km か．また，この自動車が 30 分間で走行する距離を求めよ．

2.5 太陽から地球までの距離は 1 億 5 千万 km である．太陽で発せられた光が地球に到達するのにかかる時間はいくらか．ただし，光の速さを 3.0×10^8 m/s とする．

2.6 x 軸上を等速度運動する物体がある．物体が 5 秒の間に，x 軸負の向きへ 6 m だけ移動したとすると，この物体の速度はいくらになるか．また，この運動における v-t グラフおよび x-t グラフを描け．ただし，初期位置を $x_0 = x(0) = 6$ m とする．さらに，$t = 1$ s から $t = 6$ s の間での変位を求めよ．

3
直線運動 (2)

3.1 加速度の表し方

物体の (瞬間の) 速度が時間とともに変化するとき,その**単位時間当たりの速度の変化量**のことを**加速度**とよぶ.この加速度も,速度と同様に,**平均の加速度**と**瞬間の加速度** がある.以下,この二つの加速度を定義し,最後に加速度運動で最も基本的な**等加速度運動**を取り上げる.

平均の加速度

図 3.1 の v-t グラフで表されている物体の運動を考えよう.時刻 t において,速度が $v = v(t)$ であった物体が,時刻 $t + \Delta t$ において,速度が $v + \Delta v = v(t + \Delta t)$ に変化したとする.つまり,Δt の間に速度が Δv だけ変化している.そこで,

$$\bar{a} = \frac{v(t + \Delta t) - v(t)}{(t + \Delta t) - t} = \frac{\Delta v}{\Delta t} = \frac{速度の変化量}{時間間隔} \tag{3.1}$$

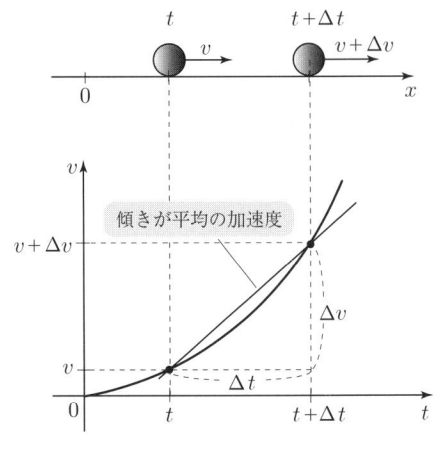

図 **3.1** 平均の加速度

3.1 加速度の表し方

を**平均の加速度**と定義する．例えば，x 軸上を運動する物体を考え，時刻 $t = 0$ で速度が $v_0 = v(0) = 5$ m/s，時刻 $t = 1$ s で速度が $v_1 = v(1) = 8$ m/s となったとき，平均の加速度は，

$$\underbrace{\bar{a}}_{\text{平均の加速度}} = \underbrace{\frac{\Delta v}{\Delta t}}_{\text{速度の変化量／時間間隔}} = \underbrace{\frac{8 \text{ m/s} - 5 \text{ m/s}}{1 \text{ s} - 0 \text{ s}}}_{\text{単位に注意}} = \underbrace{3 \text{ m/s}^2}_{\text{具体的な値 (単位が必要)}}$$

で与えられる．これから分かるように，**加速度の単位は m/s^2** であり，上の結果は平均して **1 秒間で速度が 3 m/s だけ増える**ことを表している．今の場合，物体の加速度は正なので，その向きは x 軸正の向き (右向き) である．つまり，右向きの速度が時間とともに増加する．変位や速度などと同様に，加速度は負となる場合もある．例えば，時刻 $t = 0$ で速度が $v_0 = v(0) = 5$ m/s，時刻 $t = 1$ s で速度が $v_1 = v(1) = 3$ m/s となったとき，平均の加速度は，

$$\bar{a} = \frac{\Delta v}{\Delta t} = \frac{3 \text{ m/s} - 5 \text{ m/s}}{1 \text{ s} - 0 \text{ s}} = -2 \text{ m/s}^2$$

である．これは，平均して **1 秒間で速度が 2 m/s だけ減る**ことを表している．このように，平均の加速度も速度と同様に大きさと向きをもつベクトル量であることに注意しよう．

瞬間の加速度

物体の速度が時間とともに変化するとき，その物体には加速度が生じているが，平均の加速度もまた，時間間隔が変わると変化する量である．そこで，ある任意の時刻 t における加速度を知りたい場合は，前節と同様に平均の加速度において時間間隔をゼロにとる．これを**瞬間の加速度**とよび，これは v-t グラフにおける接線の傾きで表される (図 3.2)．したがって，いろいろ時刻をとって，そこでの接線の傾きを求めていけば，瞬間の加速度 a を時間 t の関数として，

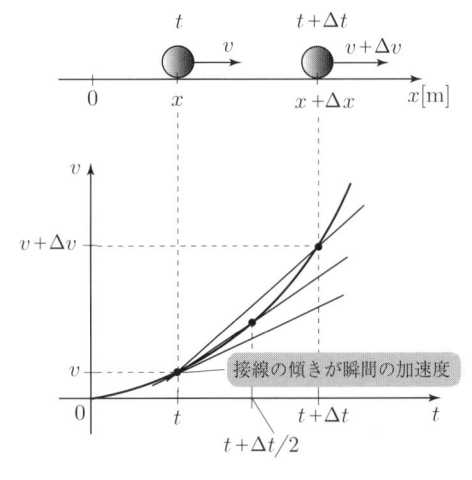

図 **3.2** 瞬間の加速度

$$a = a(t) = \lim_{\Delta t \to 0} \frac{\Delta v}{\Delta t} \tag{3.2}$$

と表すことができる[1]．この瞬間の加速度も，物体の位置や速度を時間の関数として $x = x(t)$, $v = v(t)$ と表したのと同様に，左辺の a と右辺の $a(t)$ は全く異なるものを表していることに注意しよう．つまり，

$$\underbrace{a}_{\text{時刻に } t \text{ おける瞬間の加速度の値 (従属変数)}} = \underbrace{a(t)}_{\text{時間 } t \text{ (独立変数) の関数}} \tag{3.3}$$

である．物体の運動の測定などにより，物体の瞬間の加速度 $a = a(t)$ が時間 t の関数として与えられれば，横軸を時間 t，縦軸を瞬間の加速度 a として物体の瞬間の加速度と時間の関係をグラフとして表すことができる．このグラフを **a-t グラフ**という．この瞬間の加速度も，接線の傾きが右肩上がりなら正 (加速)，右肩下がりなら負 (減速) である．また，瞬間の加速度の大きさは $|a|$ で与えられ，これを**瞬間の加速度の大きさとよぶ**[2]．今後，瞬間の加速度およびその大きさのことを，簡単のために加速度 (加速度の大きさ) とよぶことにする．

3.2 等加速度運動

物体の速度と位置の式

物体の加速度が時間とともに変化しない，つまり，加速度が**一定**の運動を**等加速度運動**という．したがって，平均の加速度と瞬間の加速度が常に等しい．この運動は物体の初期位置および初速度が分かれば，等速度運動の場合と同様に，時間 t の関数として物体の速度 $v = v(t)$ および位置 $x = x(t)$ を完全に求めることができる．

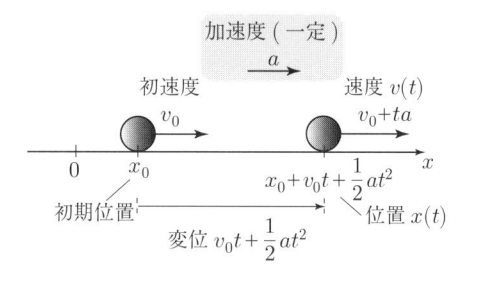

図 3.3 等加速度運動

図 3.3 のように，物体が x 軸上を一定の加速度 $a = a(t) = $ 一定 > 0 で運動している場合を考えよう．ここで，物体の初期位置を $x_0 = x(0)$，初速度を $v_0 = v(0)$ とする．t 秒間における平均の加速度 $\bar{a}$ は

$$\bar{a} = \frac{\text{速度の変化量}}{\text{時間間隔}} = \frac{v(t) - v(0)}{t - 0} = \frac{v - v_0}{t} \tag{3.4}$$

で与えられるが，これが瞬間の加速度 a に等しいので，

$$\frac{v - v_0}{t} = a \tag{3.5}$$

---

[1] 瞬間の速度の定義と同様，これはまさに微分に他ならないが，詳細は付録を参照のこと．
[2] 加速さとはいわない．

3.2 等加速度運動

となり，したがって，

$$v = v(t) = v_0 + at \tag{3.6}$$

が得られる．これから，等加速度運動における速度は時間 t を変数とする1次関数で表されるので，v-t グラフは図 3.4(a) のようになる．ここで，グラフの傾きが加速度 a を与え，切片が初速度を与える[3]．

一方，時刻 t における位置 $x(t)$ は以下のように変位を求めることによって得られる．等速度運動のときと同様に，グラフと 0 から t の間を囲む面積は図 3.4(a) から，$v_0 t + \frac{1}{2}at^2$ となり，これは物体の変位 $x(t) - x(0) = x - x_0$ を表す．したがって，

$$x - x_0 = v_0 t + \frac{1}{2}at^2 \tag{3.7}$$

となり，位置 $x = x(t)$ は

$$x = x(t) = x_0 + v_0 t + \frac{1}{2}at^2 \tag{3.8}$$

で与えられる．これは，時間 t を変数とする2次関数であるから，x-t グラフは図 3.4(b) のようになり，時刻 t における接線の傾き $at + v_0$ は速度 $v(t)$ を与える[4]．

等加速度運動における速度と位置の関係式

速度の式 (3.6) と位置の式 (3.8) から，時刻 t を消去してみよう．まず，式 (3.6) から，

$$t = \frac{v - v_0}{a} \tag{3.9}$$

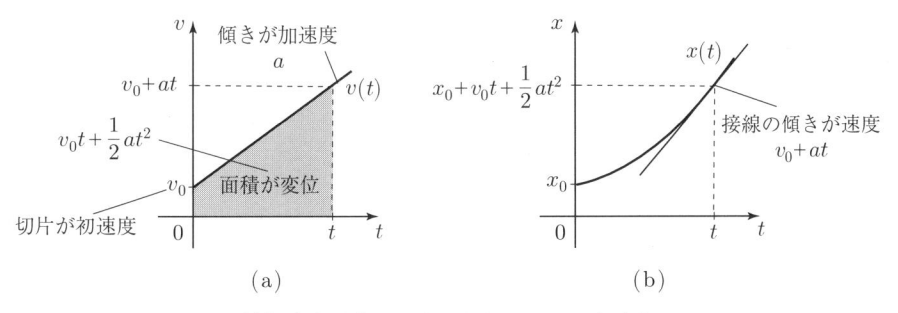

図 **3.4** 等加速度運動における (a)v-t グラフと (b)x-t グラフ

---

[3] 式で表すと難しくみえるかもしれないが，結局のところ，1秒で a だけ速度が増えるので，t 秒で at だけ速度が増える．つまり，式 (3.6) の意味するところは，物体がはじめにもっている速度 v_0 に，加速度で増えた分 at を加えたものが時刻 t における速度 $v(t)$ であるということである．

[4] 物体の運動がもし等速度運動であるなら ($a = 0$ なら)，時刻 t における物体の位置は，最初の位置 x_0 から $v_0 t$ だけの移動で表されるが，実際の物体の運動は速度が増加する分 ($a \neq 0$)，もう少し先へ移動している．この増加分が $\frac{1}{2}at^2$ である．何故 $\frac{1}{2}$ がつくのか直感的な説明はなかなか難しい．ここでは，v-t グラフの面積からと理解するしかない (付録参照)．

となるので，これを，式 (3.8) に代入すると，

$$\begin{aligned}
x - x_0 &= \frac{a}{2}\left(\frac{v-v_0}{a}\right)^2 + v_0 \frac{v-v_0}{a} \\
&= \frac{v-v_0}{a}\left\{\frac{a}{2}\frac{v-v_0}{a} + v_0\right\} \\
&= \frac{v-v_0}{a}\left(\frac{v-v_0}{2} + v_0\right) \\
&= \frac{v-v_0}{a}\frac{v+v_0}{2} = \frac{v^2-v_0^2}{2a}
\end{aligned} \tag{3.10}$$

と計算できるから，結局，

$$v^2 - v_0^2 = 2a(x - x_0) \tag{3.11}$$

が導かれる．この式は，(時刻 t での) 速度 v が分かっているときに，(時刻 t での) 変位 $x - x_0$ が計算でき，また，逆に，(時刻 t における) 変位 $x - x_0$ が分かっているときに，(時刻 t での) 速度 v が計算できることを示している．これは具体的に問題を解くときによく用いるので覚えていると便利であるが，この式を覚えるための労力は，この式を自ら導出できるようになるための労力に使おう．

等加速度運動のまとめ

加速度：$a = a(t) = $ 一定 $\to$ ベクトル量
　　大きさ：$|a|$
　　向き：$a > 0 \cdots$ 正の向き (加速)，$a < 0 \cdots$ 負の向き (減速)

速度：$v = v(t) = v_0 + at$ （v_0：初速度）$\to$ ベクトル量
　　大きさ (速さ)：$|v|$
　　向き：$v > 0 \cdots$ 正の向き，$v < 0 \cdots$ 負の向き
　　v-t グラフの傾き：$a = $ 加速度
　　v-t グラフの切片：$v_0 = $ 初速度
　　v-t グラフの面積：$v_0 t + \frac{1}{2}at^2 = $ 物体の変位：$x - x_0$

変位：$x - x_0 = v_0 t + \frac{a}{2}t^2$ （初期位置：x_0）$\to$ ベクトル量
　　大きさ (移動距離)：$|x - x_0|$
　　向き：$x - x_0 > 0 \cdots$ 正の向き，$x - x_0 < 0 \cdots$ 負の向き

位置：$x = x_0 + v_0 t + \frac{a}{2}t^2$
　　x-t グラフの接線の傾き：$v_0 + at = $ 物体の速度：v

変位と速度の関係式：$v^2 - v_0^2 = 2a(x - x_0)$

■■ 演習問題 ■■

3.1 x 軸上を運動する物体の速度が，時刻 $t=4$ s のとき $v_4=v(4)=2$ m/s で，時刻 $t=6$ s のときに $v_6=v(6)=-4$ m/s であったとする．この間の物体の速度の変化量および平均の加速度はいくらか．

3.2 x 軸上を運動する物体の速度が，時刻 $t=2$ s のとき $v_2=v(2)=-2$ m/s で，時刻 $t=4$ s のときに $v_4=v(4)=6$ m/s であったとする．この間の物体の速度の変化量および平均の加速度はいくらか．

3.3 x 軸上を一定の加速度 $a=3$ m/s^2 で運動する物体がある．初速度が $v_0=v(0)=6$ m/s であったとすると，その 3 秒後，物体の速度はいくらになるか．

3.4 x 軸上を一定の加速度 $a=-2$ m/s^2 で運動する物体がある．最初，速度が $v_0=v(0)=3$ m/s であったとすると，その 5 秒後，物体の速度はいくらになるか．この間，物体の運動はどのような運動をおこなうか説明せよ．

3.5 x 軸上を一定の加速度 $a=-2$ m/s^2 で運動する物体がある．ある時刻で速度が $v=2$ m/s であったとすると，その 2 秒前の物体の速度はいくらだったか．

3.6 x 軸上を一定の加速度 $a=2$ m/s^2 で運動する物体がある．速度が $v_A=2$ m/s から $v_B=10$ m/s まで変化するまでに必要な時間を求めよ．また，物体はこの間どれだけの距離を移動したか．

3.7 x 軸上を等加速度運動する物体がある．初速度が $v_0=v(0)=1.2$ m/s，初期位置が $x_0=x(0)=3.0$ m であったとすると，4 秒後の物体の速度，変位および位置はいくらになるか．ただし，物体の加速度は $a=1.0$ m/s^2 である．また，この運動における v-t グラフおよび x-t グラフを描け．

3.8 x 軸上を等加速度運動する物体がある．時刻 $t=0$ において，速度 $v_0=v(0)=2.0$ m/s で位置 $x_0=x(0)=3.0$ m を通過した物体が，4 秒後，速度 -2.0 m/s となった．この物体の加速度および $t=6$ s における速度と位置を求めよ．また，この運動における v-t グラフおよび x-t グラフを描け．

3.9 x 軸上を等加速度運動する物体がある．初速度 $v_0=v(0)=2.0$ m/s で初期位置 $x_0=x(0)=2.0$ m の位置を通過した物体が，その後，$x=10$ m の位置を速度 $v=6.0$ m/s で通過した．このとき，物体の加速度はいくらか．また，この間かかった時間を求めよ．さらに，この運動における v-t グラフおよび x-t グラフを描け．

3.10 右のグラフは，x 軸上を運動する物体の速度 v と時間 t の関係を示した v-t グラフである．物体は時刻 0 のときに原点 $x=0$ を出発したものとして以下の問いに答えよ．

  (1) 縦軸に加速度 a，横軸に時間 t をとってグラフを描け．
  (2) 時刻 $t=4$ s および時刻 $t=6$ s における物体の位置 x を求めよ．
  (3) $0 \leq t \leq 6$ s の間で，物体が最も原点から遠ざかったときの時刻とその位置を求めよ．

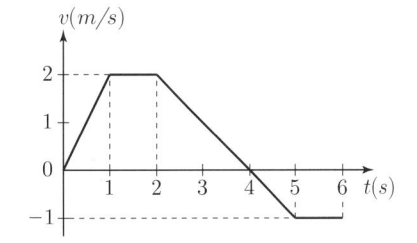

3.11 駅を出発した電車が直線上のレールを走っていく．

  (1) 電車が一定の加速度で速度を増しながら，40 秒後に 16 m/s の速度になった．このとき，加速度はいくらか．
  (2) (1) のときに進んだ距離は何 m か．
  (3) その後，一定の速さで 80 秒間進んでから，ブレーキをかけて一定の加速度で減速し，32 秒後に止まった．ブレーキをかけてからの電車の加速度はいくらか．
  (4) ブレーキをかけてから 64 m 進んだときの速度はいくらか．
  (5) 電車が駅を出発してから停止するまでの v-t グラフをかけ．
  (6) 電車が駅を出発してから停車するまでの a-t グラフをかけ (加速度と時間の関係を表すグラフ)．

3.12 速度 36 km/h で走っている自動車の運転手が道路上に障害物を発見して急ブレーキをかけるとする．運転手が障害物を発見してからブレーキをかけるまでに 0.60 秒かかり，ブレーキによる加速度が -4.0 m/s^2 である場合，運転手が障害物を発見してから自動車が止まるまでに，自動車は何 m 走るか．

4
落下運動

4.1 重力加速度

物体は地球から鉛直下向きに力を受けている．この力を**重力**といい，この重力によって物体は地面へ落下する[1]．図 4.1 は，物体をある高さから静かに落としたときの 1 秒毎の物体の位置を表すものである．各時間間隔における物体の位置の間隔がしだいに広くなっていることから，物体には加速度が生じていることがわかる．さらに，この落下運動による加速度は一定で，その向きは鉛直下向きである．この重力による加速度を**重力加速度**とよび，その大きさは

$$g = 9.8 \text{ m/s}^2 \tag{4.1}$$

で与えられる[2]．このように，落下運動は加速度の大きさが g の等加速度運動である．この節では，最初に落下運動の例として自由落下運動，次に，鉛直投げ上げ運動を取り上げる．

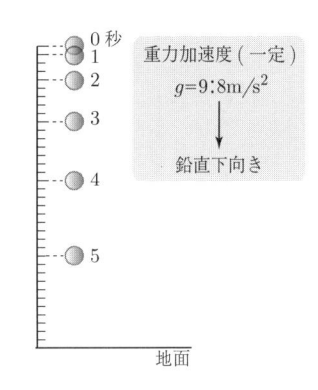

図 4.1 物体の位置

4.2 自由落下運動

ここでは，等加速度運動の例として，**自由落下運動**を考えよう．図 4.2 のように，鉛直上向きを y 軸の正の向きとし，地面の高さの位置を原点 $(y=0)$ とする．ここで，加速度 a は重力加速度で与えられるが，その方向は鉛直下向きなので，今の場合，負の向

---

[1] 重力などの力は，物体の運動状態を変化させる作用をおよぼす．これにより，物体には加速度が生じるのである．力と加速度の関係は第 9 章で運動方程式のところで詳細に議論する．

[2] 物理では重力加速度の大きさ g のように普遍な数値をもつ量を単位付きで記号で表す．このよう定数を**物理定数**とよぶ．

[3] 座標軸の向きは，自分の好きなように選ぶことができ，その選んだ座標軸の向きに対して速度や加速度の符号 (向き) を決める．

きである[3]．したがって，加速度 a は $a = -g < 0$ で表される．さて，初期位置 $y_0 = y(0) = h$ から初速度 $v_0 = v(0) = 0$ で物体を落下させたとき[4]，任意の時刻 t における物体の速度 $v = v(t)$ および位置 $y = y(t)$ を求めよう．まず，物体を落下させてから t 秒間の速度の変化量は $v(t) - v(0) = v - 0 = v$ で与えられるので，この間の平均の加速度 $\bar{a}$ は

$$\bar{a} = \frac{\text{速度の変化量}}{\text{時間間隔}} = \frac{v(t) - v(0)}{t - 0} = \frac{v}{t} \quad (4.2)$$

で与えられる．これが瞬間の加速度 $a = -g$ に等しいので，

$$\bar{a} = a, \quad \rightarrow \quad \frac{v}{t} = -g \quad (4.3)$$

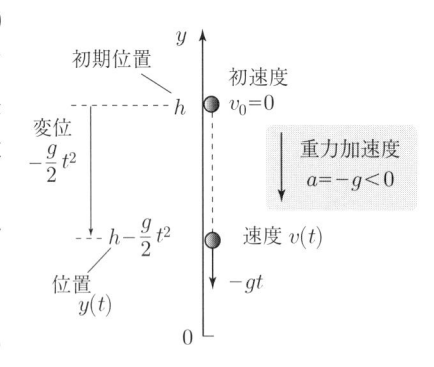

図 4.2 自由落下運動

となる．したがって，速度が時間 t の関数として，

$$v = v(t) = -gt \quad (4.4)$$

と求まる．これは時間 t に関して1次関数であるから，v-t グラフを描くと，図 4.3(a) のように直線となる．この直線のグラフの切片が初速度 v_0 を表し，直線の傾きが加速度 $-g$ を与える．ここで，物体の速度は時間とともに鉛直下向き（負の向き）へと増加するので，グラフの傾きは右肩下がりであり，速度は常に負であることに注意しよう．

次に物体の位置を求めるために，v-t グラフと時間間隔 t で囲まれる面積を計算する．図 4.3(a) より，符号に注意して，面積は

$$-\frac{1}{2}gt^2 \quad (4.5)$$

となる．前章で示したように，これが物体の変位 $y(t) - y(0) = y - h$ に等しいから，

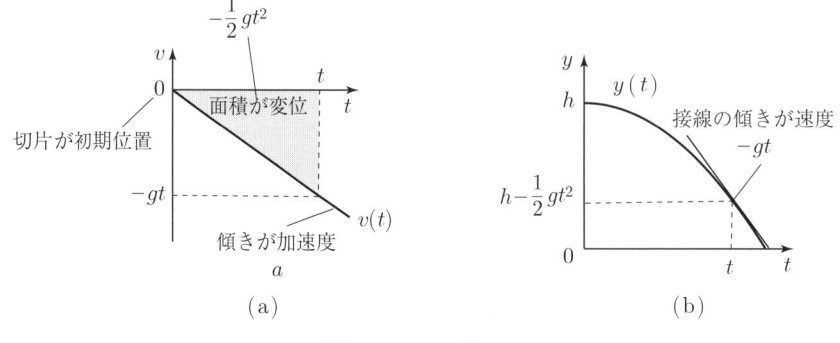

図 4.3 x-t グラフ

---
[4] $y_0 = y(0) = h$ は，これから求める時間 t の関数 $y(t)$ に初期時刻 $t = 0$ を代入したときの物体の位置を一般に y_0 と表し，今の場合，これを h とするという意味である．$v_0 = v(0) = 0$ も同様である．

$$y - h = -\frac{1}{2}gt^2 \tag{4.6}$$

となり，物体の位置が時間 t の関数として，

$$y = y(t) = h - \frac{1}{2}gt^2 \tag{4.7}$$

と求まる[5]．これは，時間 t に関する 2 次関数であるから，図 4.3(b) のようになり，時刻 t における接線の傾きがその時の速度を与える．

式 (4.4) と式 (4.7) を使って，物体を静かにはなしてから地面 $y = 0$ に衝突するまでの時間 t_c とその時の速度 $v_c = v(t_c)$ を求めてみよう．式 (4.7) に $t = t_c$ を代入すると，$y(t_c) = 0$ が成り立つから，

$$h - \frac{g}{2}t_c^2 = 0, \quad \to \quad t_c = \sqrt{\frac{2h}{g}} \tag{4.8}$$

が求まる．これを速度の式 (4.4) に代入すると，

$$v_c = v(t_c) = -gt_c = -g\sqrt{\frac{2h}{g}} = -\sqrt{2gh} < 0 \tag{4.9}$$

となる．

自由落下運動のまとめ

加速度：$a = a(t) = -g = $ 一定 $\to$ 重力加速度（鉛直下向き）

速度：$v = v(t) = -gt$

位置：$y = y(t) = h - \frac{1}{2}gt^2$

衝突時間および衝突速度：$t_c = \sqrt{\frac{2h}{g}}, \quad v_c = -\sqrt{2gh}$

4.3 鉛直投げ上げ運動

次に，等加速度運動の例として**鉛直投げ上げ運動**を取り上げる．この場合も，図 4.3 のように，鉛直上向きを y 軸の正の向きとし，地面を $y = 0$ の位置にとる．加速度は重力加速度で $a = -g < 0$ である．時刻 $t = 0$ で $y_0 = y(0) = 0$ の位置から物体を初速度 $v_0 = v(0) > 0$ で鉛直上向きに投げると，t 秒後の速度 $v = v(t)$ は，平均の加速度が瞬間の加速度 $-g$ に等しいとして，

---

[5] このようにして得られた式が，少なくとも矛盾していないかチェックしておくのはミスを防ぐ為にも重要である．式 (4.4) に $t = 0$ を代入すると，初速度が得られるはずだが，今の場合確かに $v_0 = v(0) = 0$ となる．一方，式 (4.7) でに $t = 0$ を代入すると，$y_0 = y(0) = h$ となり，確かに初期位置を与える．

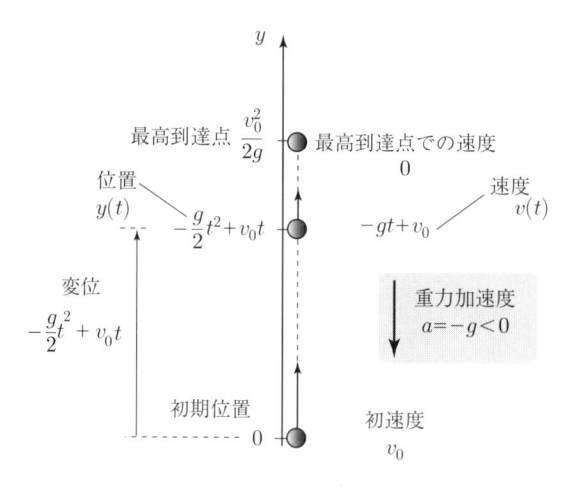

図 4.4 鉛直投げ上げ運動

$$\frac{v(t)-v(0)}{t-0}=\frac{v-v_0}{t}=-g \tag{4.10}$$

から，

$$v=v(t)=v_0-gt \tag{4.11}$$

となる．これは時間 t に関して1次関数であるから，v-t グラフを描くと，図 4.5(a) のように直線となる．この直線のグラフの切片が初速度 v_0 を表し，直線の傾きが加速度 $-g$ を与える．

次に，物体の位置を求めるために，v-t グラフと時間間隔 t で囲まれる面積を計算する．式 (4.11) のグラフを描くと，図 4.5(a) のようになる．ここで，v-t グラフと時間間隔 t で囲まれる面積は，

$$v_0 t - \frac{1}{2}gt^2 \tag{4.12}$$

となり，これが物体の変位 $y(t)-y(0)=y-0$ に等しいので，

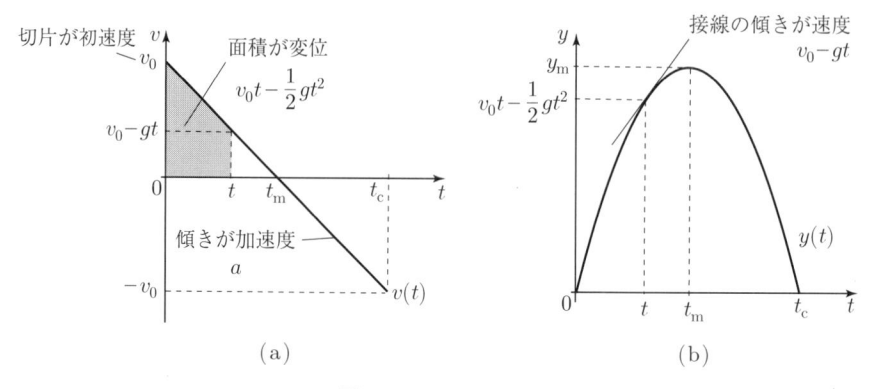

図 4.5 x-t グラフ

4.3 鉛直投げ上げ運動

$$y - 0 = v_0 t - \frac{g}{2} t^2 \tag{4.13}$$

となり，物体の位置が時間 t の関数として，

$$y = y(t) = v_0 t - \frac{g}{2} t^2 \tag{4.14}$$

と求まる[6]．これは，時間 t に関する2次関数であるから，図 4.5(b) のようになり，時刻 t における接線の傾きがその時の速度を与える．

式 (4.11) と式 (4.14) を使って，物体を投げてから最高点に達するまでの時間 t_m とそのときの位置 $y_\mathrm{m} = y(t_\mathrm{m})$ を計算しよう．物体が最高点に達するとき速度がゼロになるので，式 (4.11) から，$v(t_\mathrm{m}) = 0$ より，

$$v_0 - g t_\mathrm{m} = 0 \quad \to \quad t_\mathrm{m} = \frac{v_0}{g} \tag{4.15}$$

と t_m が求まる．これを，式 (4.14) に代入すると，

$$y_\mathrm{m} = y(t_\mathrm{m}) = v_0 \frac{v_0}{g} - \frac{g}{2} \left(\frac{v_0}{g} \right)^2 = \frac{v_0^2}{g} - \frac{v_0^2}{2g} = \frac{v_0^2}{2g} \tag{4.16}$$

となる．次に，物体が再び地面に戻ってきて衝突するときの時間 t_c とそのときの速度 $v_\mathrm{c} = v(t_\mathrm{c})$ を求めよう．これは式 (4.14) で $y(t_\mathrm{c}) = 0$ から，

$$v_0 t_\mathrm{c} - \frac{g}{2} t_\mathrm{c}^2 = 0 \quad \to \quad v_0 t_\mathrm{c} \left(1 - \frac{g}{2 v_0} t_\mathrm{c} \right) = 0 \tag{4.17}$$

となるが，左辺がゼロとなるためには，t_c が，$t_\mathrm{c} = 0$, または，

$$1 - \frac{g}{2 v_0} t_\mathrm{c} = 0 \quad \to \quad t_\mathrm{c} = \frac{2 v_0}{g}. \tag{4.18}$$

となる必要がある．ここで，明らかに $t_\mathrm{c} \neq 0$ であるから，t_c は式 (4.18) で与えられる．これは物体が最高点に達する時間の 2 倍となっている ($t_\mathrm{c} = 2 t_\mathrm{m}$)．この値を式 (4.11) に代入すると

$$v_\mathrm{c} = v(t_\mathrm{c}) = v_0 - g t_\mathrm{c} = v_0 - g \left(\frac{2 v_0}{g} \right) = v_0 - 2 v_0 = -v_0 < 0 \tag{4.19}$$

となる．これは負であるから，向きは鉛直下向きであり，その大きさは初速度の大きさと同じである[7]．このように，鉛直投げ上げ運動は時刻 $t = t_\mathrm{m}$ を境にして対称的である．

---

[6] $t = 0$ を式 (4.11) と式 (4.14) に代入して，結果が矛盾しないことを確かめよ．
[7] この結果は，後に習う**力学的エネルギー保存則**からすぐに分かる．

鉛直投げ上げ運動のまとめ

加速度：$a = a(t) = -g = $ 一定 $\to$ 重力加速度 (鉛直下向き)

速度：$v = v(t) = v_0 - gt$

位置：$y = y(t) = v_0 t - \dfrac{1}{2}gt^2$

最高到達時間および最高到達点：$t_\mathrm{m} = \dfrac{v_0}{g}$, $\quad y_\mathrm{m} = \dfrac{v_0^2}{2g}$

衝突時間および衝突速度：$t_\mathrm{c} = \dfrac{2v_0}{g} = 2t_\mathrm{m}$, $\quad v_\mathrm{c} = -v_0$

■■ 演習問題 ■■

4.1 高さ 44.1 m のビルの屋上から小球を静かに落下させた．物体が地上に達するまでの時間はいくらか．また，地上に達する直前の物体の速度はいくらか．ただし，重力加速度の大きさを $g = 9.8$ m/s^2 とする．

4.2 橋の上から物体を静かに落下させたら 2.0 秒後に地上に落下した．地上から橋までの高さはいくらか．また，物体が地上に達する直前の物体の速度はいくらか．ただし，重力加速度の大きさを $g = 9.8$ m/s^2 とする．

4.3 高さ 78.4 m のビルの屋上から小球を静かに落下させた．物体が地上に達するまでの時間はいくらか．また，地上に達する直前の物体の速度はいくらか．ただし，重力加速度の大きさを $g = 9.8$ m/s^2 とする．

4.4 高さ 24.5 m のビルの屋上の端から，ボールを速さ 19.6 m/s で鉛直上向きに投げた．その後ボールはビルにあたらずに地面に落下した．以下の問いに答えよ．ただし，重力加速度の大きさを $g = 9.8$ m/s とする．

 (1) ボールを投げてから地面に着くまでに要した時間はいくらか．

 (2) ボールが地面に着く直前の速度はいくらか．

 (3) ボールが最高点に達するときの時間 (ボールを投げるときの時刻を 0 とする) と地面から測った高さはいくらか．

4.5 一定の速度 4.9 m/s で上昇している気球がある．地上から高さ 100 m のときに，その気球のゴンドラから静かにボールを落下させた．以下の問いに答えよ．ただし，重力加速度の大きさを $g = 9.8$ m/s^2 とする．

 (1) 気球からボールが離れたとき，地上からみたボールの速度はいくらか．

 (2) ボールの速度が地上からみてゼロになるときの時刻を求めよ．ただし，気球からボールが離れたときの時刻を $t = 0$ s とする．

 (3) 前問 (2) において，気球ゴンドラの地上からの高さを求めよ．

 (4) ボールが地上に達する時刻および直前の速度を求めよ．また，気球ゴンドラの地上からの高さを求めよ．

4.6 (鉛直投げ下ろし運動) 物体を高さ h の位置から初速度 v_0 で鉛直下向きに投げる．このとき，時刻 t における物体の速度 $v = v(t)$ および高さ $y = y(t)$ を時間 t の関数として求めよ．また，物体が地面に衝突するまでの時間 t_c，そのときの速度 $v_\mathrm{c} = v(t_\mathrm{c})$ を求めよ．ただし，y 軸上向きを正の方向とし，重力加速度の大きさを g とする．

5
放物運動

5.1 放物運動

ここでは，等加速度運動の例として，**放物運動**を考える．これは，これまでの直線運動とは異なり，平面(2次元)内の曲線を描く運動である．このような運動は水平方向および鉛直方向に分けて考えれば，今までの直線運動に帰着する．ここでは，放物運動の例として，まず最初に**水平投射運動**，次に**斜方投射運動**を取り上げる．

5.2 ベクトル

位置ベクトルと変位ベクトル

図 5.1 のように，物体がある軌道を描いて平面内を曲線運動している場合を考えよう．直線運動の場合，物体の位置は，$x = x(t)$ や $y = y(t)$ などのように，1つの座標軸上の点で表すことができたが，曲線運動の場合は，これを拡張して2つの座標軸を用いて表すことができる．そこで，図 5.1 のように，x-y 座標軸を設定し原点 O(0,0) を定める．このように座標系を設定すれば，物体の位置 (点 P) は座標 (x, y) で表すことができる．ここで，原点 O と点 P を結ぶベクトル $\overrightarrow{OP}$ を**位置ベクトル**とよび太字 $\boldsymbol{r}$ で表す．このベクトルは

$$\boldsymbol{r} = (x, y) \tag{5.1}$$

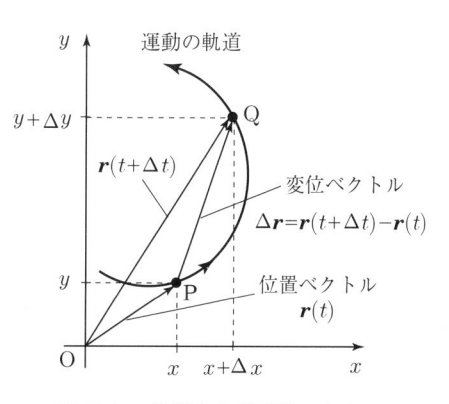

図 **5.1** 位置および変位ベクトル

のように**成分**で表すことができる．また，このベクトル $\boldsymbol{r}$ の大きさは原点から物体までの距離を表し，細字の r で表すことにする．これは，三平方の定理を使って，

$$r = \sqrt{x^2 + y^2} \tag{5.2}$$

と座標成分 (x, y) を使って表すことができる.

次に物体の変位ベクトルを考えよう. 時刻 t において物体は $\bm{r} = \bm{r}(t) = (x(t), y(t))$ の位置におり, 時刻 $t + \Delta t$ において $\bm{r} + \Delta \bm{r} = \bm{r}(t + \Delta t) = (x(t + \Delta t), y(t + \Delta t))$ に移動したとしよう[1]. このとき, 物体の変位ベクトルは

$$\Delta \bm{r} = \bm{r}(t + \Delta t) - \bm{r}(t) \tag{5.3}$$

で与えらえる (図 5.1). 成分で書けば,

$$\Delta \bm{r} = (\Delta x, \Delta y) = (x(t + \Delta t) - x(t), \ y(t + \Delta t) - y(t)) \tag{5.4}$$

である. これから, **平均の速度ベクトル** $\bar{\bm{v}}$ は

$$\bar{\bm{v}} = \frac{\Delta \bm{r}}{\Delta t} = \left(\frac{x(t + \Delta t) - x(t)}{\Delta t}, \ \frac{y(t + \Delta t) - y(t)}{\Delta t} \right) = (\bar{v}_x, \bar{v}_y) \tag{5.5}$$

で与えられ, その方向は変位ベクトルの方向である. また, 平均の速度ベクトルの大きさを細字で $\bar{v} = |\bar{\bm{v}}|$ と表す. これは成分でかくと, $\bar{v} = \sqrt{v_x^2 + v_y^2}$ となる.

速度ベクトルと速度の分解

図 5.1 から分かるように, 時間間隔 Δt をゼロにすると平均の速度ベクトルは運動の軌道の接線方向に近づく. これが点 P における**瞬間の速度ベクトル**であり, 位置ベクトルなどと同様に太字を使って表す[2] (図 5.2). また, その大きさ (速さ) は細字を使って $v = |\bm{v}|$ と表すことにする[3]. 図 5.2 のように, この速度ベクトルは x 軸の正の向きから角度 θ だけ傾いているので, 今までの直線運動のように, 速度の正負だけでは向きを表すことができない. そこで, 速度ベクトルを x 軸方向と y 軸方向に分解し, x 軸方向の速度成分を v_x, y 軸方向のの速度成分を v_y とし, $\bm{v} = (v_x, v_y)$ と表す. これを**速度の分解**とよぶ. このように表しておけば, 各成分はそれぞれ直線運動の場合と同様に, 正か負かでその方向を表すことができる. 速度 $\bm{v}$ の大きさ $v = |\bm{v}|$ は, 図 5.2 から, 三平方の定理を使って,

$$v = |\bm{v}| = \sqrt{v_x^2 + v_y^2} \tag{5.6}$$

で与えられる. また, 各方向の速度成分は, この v と角度 θ を用いて,

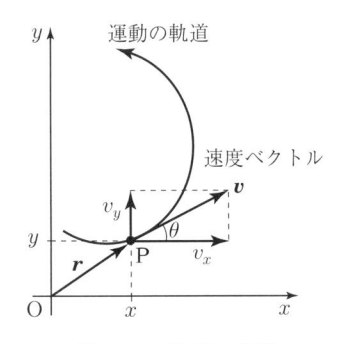

$$v_x = v \cos \theta, \tag{5.7}$$

図 **5.2** 速度の分解

---

[1] 直線運動から曲線運動と次元が一つ増えた分, 成分が一つ増えただけで, 考え方は今までと全く同じである.

[2] 以下, 瞬間の速度ベクトルを単に速度ベクトルとよぶ.

[3] 直線運動の速度 v と同じ表示であるので混同しないように注意しよう.

$$v_y = v\sin\theta, \tag{5.8}$$

と表すことができる．逆に，θ は各方向の速度成分を用いて，

$$\tan\theta = \frac{v_y}{v_x}, \quad \rightarrow \quad \theta = \tan^{-1}\left(\frac{v_y}{v_x}\right) \tag{5.9}$$

で与えられる．ここで，$\tan^{-1}$ は tan の逆関数である．

5.3 水平投射運動

物体をある高さから水平方向に投げて地面に着地するまでの運動を考えよう．この運動の軌道は，図 5.3 のように放物線となる．この運動を**水平投射運動**とよぶ．この水平投射運動のように物体が曲線運動をする場合は，水平方向の運動と鉛直方向の運動に分解して考えるとよい．図 5.3 には物体の放物運動を水平方向および鉛直方向に投影したときの運動が描かれている．まず，水平方向に投影した物体の運動は各時間間隔で等間隔に移動している，つまり，**等速度運動**をしている．一方，鉛直方向に投影した物体の運動は時間とともに各時間における位置の間隔が広がっている．これはまさに**自由落下運動**に他ならない．このように，物体が曲線運動をする場合には，水平方向と鉛直方向に分解して考えることができる．

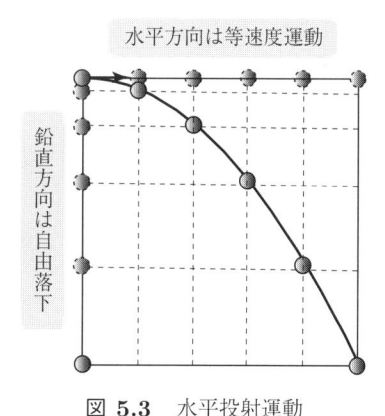

図 **5.3** 水平投射運動

水平投射運動における物体の速度

図 5.4 のように，時刻 $t=0$ で初期位置 $\boldsymbol{r}_0 = (x(0), y(0)) = (0, h)$ から x 軸正の向きに初速度 $\boldsymbol{v}_0 = (v_x(0), v_y(0)) = (v_0, 0)$ で投げ出された物体の時刻 t における速度 $\boldsymbol{v} = (v_x(t), v_y(t))$ を求めよう．図 5.4 から分かるように，x 軸方向 (水平方向) の運動は等速度運動，y 軸方向 (鉛直方向) の運動は自由落下運動であるから，各方向の速度成分は，等速度運動の式 (2.13) および自由落下運動の式 (4.4) を用いて，それぞれ，

$$v_x = v_x(t) = v_0 \tag{5.10}$$

$$v_y = v_y(t) = -gt \tag{5.11}$$

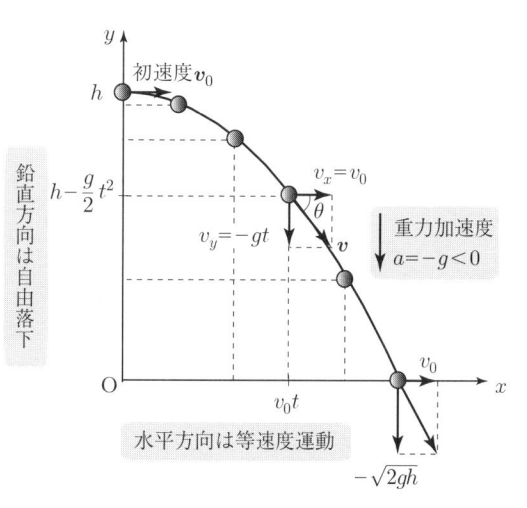

図 **5.4** 水平投射運動

と求まる．これらから，速さ $v = |\boldsymbol{v}|$ は

$$v = v(t) = \sqrt{v_x^2 + v_y^2} = \sqrt{v_0^2 + (gt)^2} \tag{5.12}$$

となり，角度 θ は，

$$\tan\theta = \frac{gt}{v_0}, \quad \to \quad \theta = \theta(t) = \tan^{-1}\left(\frac{gt}{v_0}\right) \tag{5.13}$$

と，共に時間 t の関数として与えらえる．

水平投射運動における物体の位置

次に，時刻 t における位置 $\boldsymbol{r} = \boldsymbol{r}(t)$ を求めよう．x および y 成分は，等速度運動の式 (2.16) および自由落下の式 (4.7) を用いて，それぞれ，

$$x = x(t) = v_0 t \tag{5.14}$$

$$y = y(t) = h - \frac{1}{2}gt^2 \tag{5.15}$$

と求まる．この結果から，物体の運動の軌道を表す式を求めよう．そのために時間 t を消去する．式 (5.14) から

$$t = \frac{x}{v_0} \tag{5.16}$$

が得られるので，これを式 (5.15) に代入し，t を消去すると，

$$y = h - \frac{g}{2}\left(\frac{x}{v_0}\right)^2 = h - \frac{g}{2v_0^2}x^2 \tag{5.17}$$

が得られる．これが物体の運動の軌道の式を表しており，y-x グラフを描けば分かるように放物線である[2]．

> **[例]** 水平投射運動において，地面に達するまでの時間 t_c とその時の速度 $\boldsymbol{v}_c = \boldsymbol{v}(t_c)$ と水平到達距離 $d = x(t_c)$ を求めよ．

[例解] まず，式 (5.15) で $y(t_c) = 0$ から t_c を求める．

$$0 = h - \frac{1}{2}gt_c^2, \quad \to \quad t_c = \sqrt{\frac{2h}{g}} \tag{5.18}$$

次に，この t_c の値を式 (5.10) と式 (5.11) に代入すると，物体が地面に衝突する直前の速度

$$v_{xc} = v_x(t_c) = v_0 \tag{5.19}$$

$$v_{yc} = v_y(t_c) = -\sqrt{2gh} \tag{5.20}$$

が求まる．最後に水平到達距離は，t_c の値を式 (5.14) に代入して，

$$d = v_0\sqrt{\frac{2h}{g}} \tag{5.21}$$

---

[2] これはまさに数学でよくでてくる $y = f(x)$ と同じ形をしている．

となる．

水平投射運動のまとめ

速度：$\bm{v} = \bm{v}(t)$

　　水平方向成分：$v_x = v_x(t) = v_0$

　　鉛直方向成分：$v_y = v_y(t) = -gt$

位置：$\bm{r} = \bm{r}(t)$

　　水平方向成分：$x = x(t) = v_0 t$

　　鉛直方向成分：$y = y(t) = h - \dfrac{1}{2}gt^2$

衝突時間および衝突速度：

　　衝突時間：$t_c = \dfrac{2v_0}{g} = 2t_m$

　　衝突速度：$\bm{v}_c = (v_{xc}, v_{yc}) = (v_0, -\sqrt{2gh})$

水平到達距離：

$$d = v_0 \sqrt{\dfrac{2h}{g}}$$

5.4　斜方投射運動

　物体を地面から斜め方向に投げ，再び地面に着地するまでの運動を考えよう．この運動の軌道は，図 5.5 のように<u>放物線</u>となる．この運動を**斜方投射運動**とよぶ．前節と同様に，この斜方投射運動も水平方向の運動と鉛直方向の運動に分解して考えるとよい．

　図 5.5 には物体の放物運動を水平方向および鉛直方向に投影したときの運動が描かれている．まず，水平方向に投影した物体の運動は**等速度運動**と等価であり，一方，鉛直方向に投影した物体の運動は**鉛直投げ上げ運動**と等価である．

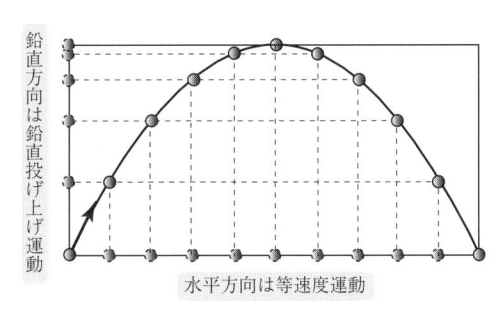

図 5.5　斜方投射運動

斜方投射運動における物体の速度

図 5.6 のように，時刻 $t=0$ で初期位置 $\boldsymbol{r}_0 = (x(0), y(0)) = (0,0)$ から角度 θ_0 方向に初速度 $\boldsymbol{v}_0 = (v_x(0), v_y(0)) = (v_{x0}, v_{y0})$ で投げ出された物体の時刻 t における速度 $\boldsymbol{v} = (v_x(t), v_y(t))$ を求めよう．まず，初速度ベクトル $\boldsymbol{v}_0$ を x 座標軸方向 (水平方向) および y 座標軸方向 (鉛直方向) に分解すると各成分は

$$\boldsymbol{v}_0 = (v_{0x}, v_{0y}) = (v_0 \cos\theta_0,\ v_0 \sin\theta_0) \qquad (5.22)$$

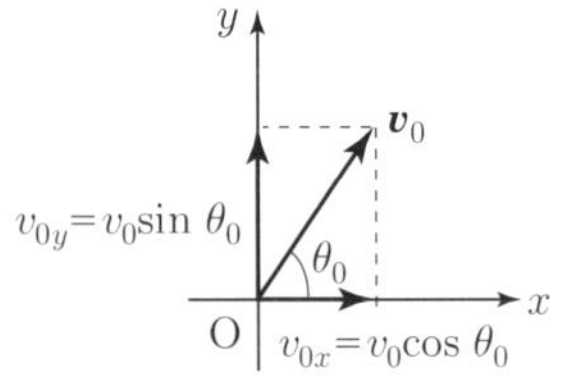

となる．これから，x 軸方向 (水平方向) は初速度 $v_{0x} = v_x(0) = v_0 \cos\theta_0$ の等速度運動，y 軸方向 (鉛直方向) は初速度 $v_{0y} = v_y(0) = v_0 \sin\theta_0$ の鉛直投げ上げ運動となる．したがって，各方向の時刻 t における速度成分は，等速度運動の式 (2.13) で $v_0 \to v_{0x} = v_0 \cos\theta_0$，鉛直投げ上げ運動の式 (4.11) で $v_0 \to v_{0y} = v_0 \sin\theta_0$ と置き換えると，それぞれ，

図 **5.6** 初速度ベクトルの分解

$$v_x = v_x(t) = v_0 \cos\theta_0 \qquad (5.23)$$
$$v_y = v_y(t) = v_0 \sin\theta_0 - gt \qquad (5.24)$$

と求まる．これらから，速さ $v = |\boldsymbol{v}|$ は

$$\begin{aligned} v = v(t) &= \sqrt{v_x^2 + v_y^2} = \sqrt{(v_0 \cos\theta_0)^2 + (-gt + v_0 \sin\theta_0)^2} \\ &= \sqrt{v_0^2 + (gt)^2 - 2gtv_0 \sin\theta_0} \end{aligned} \qquad (5.25)$$

となり，角度 θ は，

$$\tan\theta = \frac{-gt + v_0 \sin\theta_0}{v_0 \cos\theta}, \quad \to \quad \theta = \theta(t) = \tan^{-1}\left(\frac{-gt + v_0 \sin\theta_0}{v_0 \cos\theta}\right) \qquad (5.26)$$

と共に時間 t の関数として与えられる．

斜方投射運動における物体の位置

時刻 t における位置の x および y 成分は，初期位置が $(x_0, y_0) = (0,0)$ であるから，等速度運動の式 (2.16) で $x_0 \to 0$，$v_0 \to v_{0x} = v_0 \cos\theta_0$，鉛直投げ上げ運動の式 (4.14) で $v_0 \to v_{0y} = v_0 \sin\theta_0$ と置き換えて，それぞれ，

$$x = x(t) = v_{0x} t = (v_0 \cos\theta_0) t, \qquad (5.27)$$
$$y = y(t) = v_{0y} t - \frac{g}{2} t^2 = (v_0 \sin\theta_0) t - \frac{g}{2} t^2 \qquad (5.28)$$

が求まる．

ここでも前節の水平投射運動と同様に，物体の軌道の式を求めるために，時間 t を消去する．式 (5.27) を t について解くと，

5.4 斜方投射運動

$$t = \frac{x}{v_0 \cos\theta_0} \tag{5.29}$$

となるから，これを式 (5.28) に代入すると，

$$y = -\frac{g}{2}\left(\frac{x}{v_0\cos\theta_0}\right)^2 + (v_0\sin\theta_0)\frac{x}{v_0\cos\theta_0}$$
$$= -\frac{g}{2(v_0\cos\theta_0)^2}x^2 + (\tan\theta_0)x \tag{5.30}$$

となる[3]．この式のグラフ (x-y グラフ) を描くために，まず，

$$a = \frac{g}{2(v_0\cos\theta_0)^2}, \quad b = \tan\theta_0 \tag{5.31}$$

とおき，式 (5.30) を以下のように変形する．

$$y = -ax^2 + bx = -a\left(x^2 - \frac{b}{a}x\right) = -a\left\{\left(x - \frac{b}{2a}\right)^2 - \frac{b^2}{4a^2}\right\} = -a\left(x - \frac{b}{2a}\right)^2 + \frac{b^2}{4a} \tag{5.32}$$

次に，

$$\frac{b}{2a} = (\tan\theta_0)\frac{1}{2}\frac{2v_0^2\cos^2\theta_0}{g} = \frac{\sin\theta_0}{\cos\theta_0}\frac{2v_0^2\cos^2\theta_0}{2g} = \frac{v_0^2 2\sin\theta_0\cos\theta_0}{2g} = \frac{v_0^2\sin(2\theta_0)}{2g}$$

$$\frac{b^2}{4a} = \tan^2\theta_0\frac{1}{4}\frac{2v_0^2\cos^2\theta_0}{g} = \frac{\sin^2\theta_0}{\cos^2\theta_0}\frac{v_0^2\cos^2\theta_0}{2g} = \frac{v_0^2\sin^2\theta_0}{2g} \tag{5.33}$$

となるから[4]，式 (5.30) は

$$y = -\frac{g}{2(v_0\cos\theta_0)^2}\left(x - \frac{v_0^2\sin(2\theta_0)}{2g}\right)^2 + \frac{v_0^2\sin^2\theta_0}{2g} \tag{5.34}$$

となる．これから，この式は頂点が $(x_\mathrm{m}, y_\mathrm{m}) = \left(\dfrac{v_0^2\sin(2\theta_0)}{2g}, \dfrac{v_0^2\sin^2\theta_0}{2g}\right)$ で上に凸の放物線を表すことが分かる．この頂点が最高点の位置である．また，最高到達距離 d は物体が再び地面に到達するときの位置であるから，式 (5.34) で $x = d$ で $y = 0$ として，

$$0 = -\frac{g}{2(v_0\cos\theta_0)^2}\left(d - \frac{v_0^2\sin(2\theta_0)}{2g}\right)^2 + \frac{v_0^2\sin^2\theta_0}{2g}$$

から，

$$d - \frac{v_0^2\sin(2\theta_0)}{2g} = \pm\frac{v_0^2\sin\theta_0\cos\theta_0}{g} = \pm\frac{v_0^2\sin(2\theta_0)}{2g}$$

となるが，$d \neq 0$ なので，結局，

$$d = \frac{v_0^2\sin(2\theta_0)}{g} \tag{5.35}$$

---

[3] 三角比の公式：$\tan\theta_0 = \dfrac{\sin\theta_0}{\cos\theta_0}$ を使った．

[4] 2倍角の公式：$2\sin\theta_0\cos\theta_0 = \sin(2\theta_0)$ を使った．

が得られる．これはちょうど x_m の 2 倍になっている．この結果を用いると，$\sin 2\theta_0$ の最大値は 1 であるから，$\sin 2\theta_0 = 1$ を満たす角度 $\theta_0 = 45°(=\pi/4)$ のとき，d は最大値をとることがわかる．すなわち，ある初速度で物体を投げる場合，$\theta = 45°$ の角度で投げれば，物体はもっとも遠くへ到達する[5]．

[例] 斜方投射運動において，物体が最高点に達するまでの時間 t_m とそのときの速度 $\boldsymbol{v}_\mathrm{m} = \boldsymbol{v}(t_\mathrm{m}) = (v_{\mathrm{m}x}, v_{\mathrm{m}y})$ および，再び地面に着くまでの時間 t_r とそのときの速度 $\boldsymbol{v}_\mathrm{r} = \boldsymbol{v}(t_\mathrm{r}) = (v_{\mathrm{r}x}, v_{\mathrm{r}y})$ を求めよ

[例解] 式 (5.27) において，$x_\mathrm{m} = x(t_\mathrm{m})$ の関係が成り立つから，

$$x_\mathrm{m} = (v_0 \cos \theta_0) t_\mathrm{m} = \frac{v_0^2 \sin(2\theta_0)}{2g}$$

より，

$$t_\mathrm{m} = \frac{v_0^2 2 \sin \theta_0 \cos \theta_0}{2g} \frac{1}{v_0 \cos \theta_0} = \frac{v_0 \sin \theta_0}{g} \tag{5.36}$$

となる．これを式 (5.24) に代入すれば，速度，

$$v_{\mathrm{m}x} = v_0 \cos \theta_0 \tag{5.37}$$
$$v_{\mathrm{m}y} = 0 \tag{5.38}$$

が得られる．同様に t_r は式 (5.27) において，$d = x(t_\mathrm{r})$ が成り立つから，

$$d = (v_0 \cos \theta_0) t_\mathrm{r} = \frac{v_0^2 \sin(2\theta_0)}{g}$$

より，

$$t_\mathrm{r} = \frac{v_0^2 2 \sin \theta_0 \cos \theta_0}{g} \frac{1}{v_0 \cos \theta_0} = \frac{2 v_0 \sin \theta_0}{g} \tag{5.39}$$

となる．これはちょうど t_m の 2 倍である．これを式 (5.24) に代入すれば，速度，

$$v_{\mathrm{r}x} = v_0 \cos \theta_0 \tag{5.40}$$

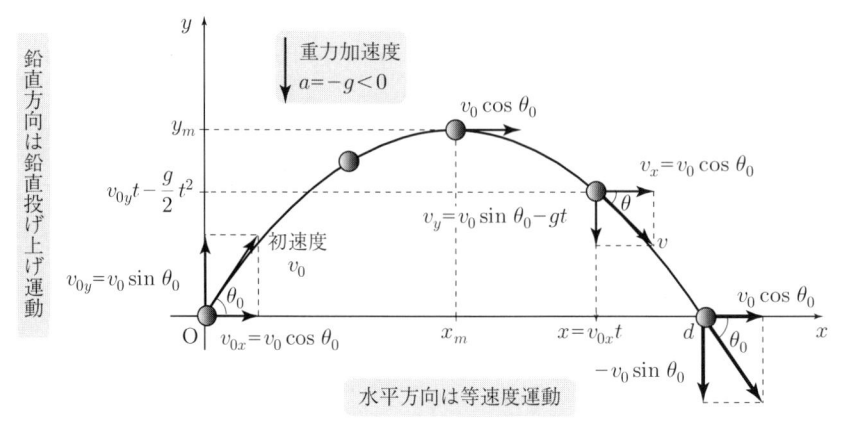

図 5.7 斜方投射運動

---
[5] ただし，空気抵抗がない場合である．

$$v_{\mathrm{r}y} = -v_0 \sin\theta_0 \tag{5.41}$$

が得られる．これから分かるように，y 方向の速度は，初速度の y 方向成分と比べて大きさが同じで向きが反対方向である（図 5.7）．

斜方投射運動のまとめ

初速度：$\boldsymbol{v}_0 = \boldsymbol{v}(0)$

　　水平方向成分：$v_{0x} = v_0 \cos\theta_0$

　　鉛直方向成分：$v_{0y} = v_0 \sin\theta_0$

速度：$\boldsymbol{v} = \boldsymbol{v}(t)$

　　水平方向成分：$v_x = v_x(t) = v_{0x} = v_0 \cos\theta_0$

　　鉛直方向成分：$v_y = v_y(t) = v_{0y} - gt = v_0 \sin\theta_0 - gt$

位置：$\boldsymbol{r} = \boldsymbol{r}(t)$

　　水平方向成分：$x = x(t) = v_{0x}t = v_0 t \cos\theta_0$

　　鉛直方向成分：$y = y(t) = v_{0y}t - \dfrac{1}{2}gt^2 = v_0 t \sin\theta_0 - \dfrac{1}{2}gt^2$

最高到達時間および最高到達位置：

　　最高到達時間：$t_{\mathrm{m}} = \dfrac{v_{0y}}{g} = \dfrac{v_0 \sin\theta_0}{g}$

　　最高到達位置：$\left(\dfrac{v_0^2 \sin(2\theta_0)}{2g},\ \dfrac{v_0^2 \sin^2\theta_0}{2g} \right)$

水平到達距離：$d = v_0 \sqrt{\dfrac{2h}{g}}$

■■ 演習問題 ■■

5.1 崖の上からボールを水平方向に初速度 $v_0 = 5.0$ m/s で投げたら，2.0 秒後に下の地面に着いた．重力加速度の大きさを $g = 9.8$ m/s^2 として，

　(1) 地面からボールを投げた場所までの高さはいくらか．
　(2) ボールを投げた場所の真下から，ボールの着地点までの水平距離はいくらか．
　(3) ボールが地面に着地する直前の速さを求めよ．

5.2 図のように，一定の高度 $h = 500$ m で飛んでいる速度 $v_0 = 198$ km/h の飛行機から点 A にめがけて救援物資を落とすには，パイロットから見て，点 A がどの角度 ϕ に見えるときに，救援物資を落とせばよいか？

5.3 物体を初速度 $\boldsymbol{v}_0 = (v_{0x}, v_{0y})$，角度 θ_0 で投げ上げたら最高点の高さは 44.1 m，水平到達距離は 24 m であった．重力加速度の大きさを 9.8 m/s^2 として，以下の問いに答えよ．

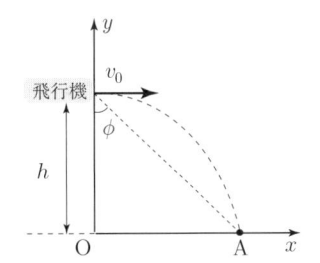

　(1) 物体が最高点に達するまでの時間を求めよ．
　(2) 初速度 $\boldsymbol{v}_0$ の水平方向 (x 方向) の速度成分 v_{0x} はいくらか．
　(3) 初速度 $\boldsymbol{v}_0$ の鉛直方向 (y 方向) の速度成分 v_{0y} はいくらか．

5.4 物体を速さ $v_0 = 19.6$ m/s, 角度 $\theta_0 = 30°$ で投げ上げた. 重力加速度の大きさを $g = 9.8$ m/s^2, $\sqrt{3} = 1.73$ として次の問いに答えよ.
  (1) 物体が最高点に達したときの物体の速さと向きを答えよ.
  (2) 物体を投射してから最高点に達するまに要する時間を求めよ.
  (3) 最高点の高さを求めよ.
  (4) 物体を投射してから地面に着くまでの時間を求めよ.
  (5) 水平到達距離を求めよ.

5.5 図のように, 木にぶら下がっている猿にめがけて石を投げたと同時に, 猿は木から手を離した. このとき, 石は猿に命中するだろうか? (猿にとっては運悪く) 点 P で石が命中するとして, これを考えてみよう. ここで, 重力加速度の大きさを g とする.

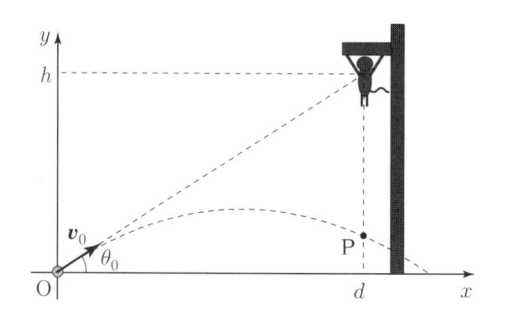

  (1) 石を投げた時を $t = 0$ s として, 点 P に達するときの時刻 t_P を v_0, d, θ_0 を使って表せ.
  (2) 点 P の高さ y_P を v_0, d, θ_0, g を使って表せ.
  (3) 次に, 猿が手を離してから t_P 秒後の高さ $y_{猿}$ を v_0, d, θ_0, g, h を使って表せ.
  (4) h を d と θ_0 を使って表せ.
  (5) (1)〜(4) から $y_P = y_{猿}$ となることを示せ.

5.6 図のように, 点 O の位置から距離 d の位置にある海賊船めがけて初速度 v_0 で砲弾を発射する. このとき, 海賊船に砲弾を命中させるためには, どの角度で砲弾を発射するべきかを考えよう. ここで, 重力加速度の大きさを g とする.

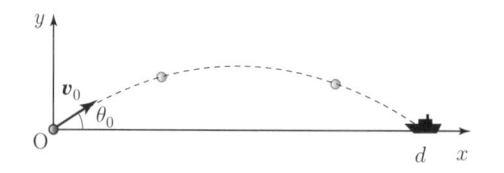

  (1) まず, 砲弾が距離 d に達するまでの時間を v_0, d, θ_0 を用いて表せ.
  (2) 同様に, 砲弾が距離 d に達するまでの時間を v_0, g, θ_0 を用いて表せ.
  (3) (1) と (2) が等しいので, これから発射角 θ_0 と水平到達距離 d を関係付けることができる. $d = 560$ m, $v_0 = 82$ m/s, $g = 9.8$ m/s^2 として, 発射角を求めよ. (注意: 発射角は 2 つある. $y = \sin^{-1}(x)$ ($\sin(x)$ の逆関数) のグラフをかいてみよ.).

6
等速円運動

6.1 等速円運動

回転運動は天体の運動など自然界に多く存在する非常に重要な運動形態の1つである.その中でここでは**等速円運動**を取り上げる.この運動は,一定の速さで円周上を回転する運動であるが,その運動方向は常に変化しているので加速度運動である.この加速度の方法は常に円の中心を向いているので**向心加速度**とよばれている.

弧 度 法

半径 r の円で,その半径 r に等しい弧 AB の長さに対する中心角の大きさを<u>1 ラジアン (1 rad)</u> という (図 6.1(a)).例えば,半径 r の円の半円周の長さは πr なので,中心角の大きさは π rad である (図 6.1(b)).したがって,任意の中心角の大きさを θ [rad] とすると,弧の長さ s は

$$s = r\theta \tag{6.1}$$

となる (図 6.1(c)).また,中心角が度数法で $\theta(°)$ の場合,これを弧度法に直すには,

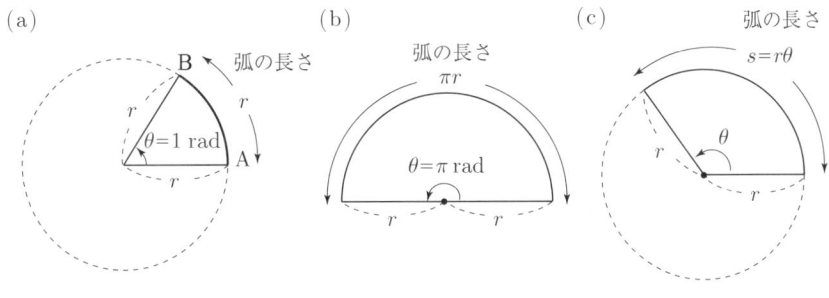

図 6.1 弧度法

$$\theta(\mathrm{rad}) = \frac{\theta(°)}{180°} \times \pi \tag{6.2}$$

とすればよい．

周期・角速度

図 6.2 のように，半径 r の円周上を一定の速さ v で運動する物体を考える．物体は $t=0$ で点 A にあったとすると，t 秒後の移動距離は

$$s = vt \tag{6.3}$$

である．このときの回転角を θ とすると，移動距離は

$$s = r\theta \tag{6.4}$$

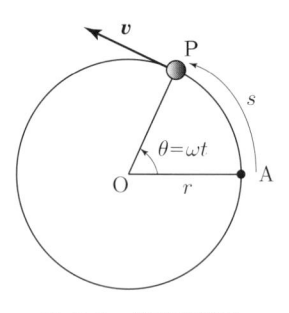

図 **6.2** 等速円運動．

とも表すことができるから，これらを比べると，

$$vt = r\theta, \quad \to v = r\frac{\theta}{t} \tag{6.5}$$

となる．この θ/t の意味を考えよう．まず分子の θ は回転角の変化量である $(\theta - 0)$．一方，分母の t は時間間隔であるから，θ/t は**単位時間当たりの回転角の変化量**を表し，今の場合，速さ v は一定であるから，この変化量の割合は一定である．これを ω とし，**角速度**とよぶことにする．したがって，回転角は

$$\omega = \frac{\theta}{t} = \frac{回転角の変化量}{時間間隔} \quad \to \quad \theta = \theta(t) = \omega t \tag{6.6}$$

と時間 t の関数で表せる．また，物体の速さは，式 (6.5) より，ω を用いて

$$v = r\omega \tag{6.7}$$

と表せる．もちろん，r, ω はともに一定であるから，速さ v も一定である．

物体が円周上を一周する時間，すなわち，**周期** T を求めよう．円周の長さ $2\pi r$ を速さ v で運動するので，物体が円周上を一周するのにかかる時間は，

$$T = \frac{2\pi r}{v} = \frac{2\pi r}{r\omega} = \frac{2\pi}{\omega} \tag{6.8}$$

で与えられ，角速度 ω を用いて表される．

6.2 向心加速度

等速円運動をしている物体の**速さ** v は一定である．しかしながら，その方向は常に変化しているので**速度**は常に変化している．したがって，**単位時間あたりの速度の変化量**が加速度の定義であったから，等速円運動をしている物体には常に加速度が生じている．以

6.2 向心加速度

下,これを考えよう.図 6.3 のように,時刻 t における点 P での物体の速度ベクトルを $\boldsymbol{v} = \boldsymbol{v}(t)$,時刻 $t + \Delta t$ における点 Q での物体の速度ベクトルを $\boldsymbol{v}' = \boldsymbol{v}(t + \Delta t)$ とする[1].

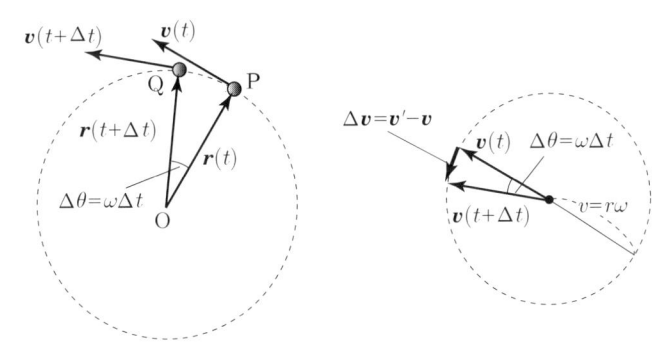

図 6.3 速度の変化量

このとき,図 6.3 のように,点 Q は角度が $\Delta\theta = \omega\Delta t$ だけ変化した位置にある.速度の変化量 $\Delta\boldsymbol{v}$ は

$$\Delta\boldsymbol{v} = \boldsymbol{v}(t + \Delta t) - \boldsymbol{v}(t) = \boldsymbol{v}' - \boldsymbol{v} \tag{6.9}$$

で与えられる.これを図で表すと,図 6.3 の右図のようになり[2],速度ベクトル $\boldsymbol{v}(t)$ も $\boldsymbol{r}(t)$ と同様に角速度 ω で回転していることが分かる (回転半径は一定でその大きさは $v = |\boldsymbol{v}|$).まず,この速度の変化量 $\Delta\boldsymbol{v}$ の大きさ $|\Delta\boldsymbol{v}|$ を考えよう.Δt を非常に小さくとれば,これは図 6.3 の右図の半径が $v = r\omega$ の円の $\Delta\theta = \omega\Delta t$ 間の弧の長さとほぼ等しくなるから,

$$\underbrace{|\Delta\boldsymbol{v}|}_{\text{速度の変化量の大きさ}} = \underbrace{v\Delta\theta}_{\text{半径 } v \text{ の円弧の長さ}} = v\omega\Delta t \tag{6.10}$$

となる.したがって,(平均の) 加速度の大きさは

$$\bar{a} = \frac{|\Delta\boldsymbol{v}|}{\Delta t} = v\omega \tag{6.11}$$

となる.v も ω も一定であるから,平均の加速度の**大きさは一定**である.つまり瞬間の加速度の大きさに等しい.これを a とすると,$a = v\omega$ となる.これは,$v = r\omega$ の関係を使うと,

$$a = v\omega = r\omega^2 = \frac{v^2}{r} \tag{6.12}$$

といろいろな形で表すことができる.次に,加速度の向きは図より,速度 $\boldsymbol{v}$ に垂直な方向,つまり,円の中心向きであり,これは,物体の位置の方向 (動径方向) と<u>反平行</u>である.このように,等速円運動の加速度は常に中心方向を向いている.このような加速度を**向心加速度**と呼ぶ.

---

[1] 速度の向きは常に円軌道の接線方向である.
[2] 2 つのベクトルの変化量を求めるには,互いのベクトルの始点を**平行移動**により合わせて,変化前のベクトル ($\boldsymbol{v}$) の矢印の先から,変化後のベクトル ($\boldsymbol{v}'$) の矢印へ向かうベクトルを考えれば良い.

6.3 座標表示における等速円運動

半径 r の円周上を一定の速さ v で等速円運動する物体を考える．図 6.4 のように，円の中心 O を x-y 座標平面の原点 $(0,0)$ にとると，物体の位置は $\boldsymbol{r} = (x, y)$ で表すことができる．時刻 $t = 0$ s における物体の位置を点 A とする．これは位置ベクトルで $\boldsymbol{r}_0 = \boldsymbol{r}(0) = (r, 0)$ と表せる．次に，t 秒後の物体の位置を点 P とすると，回転角 $\theta = \theta(t)$ は，式 (6.6) で与えられるから，位置ベクトル $\boldsymbol{r} = \boldsymbol{r}(t) = (x, y)$ は三角比の定義より，

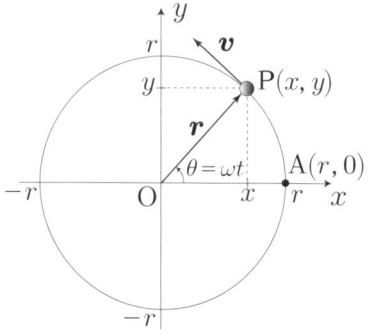

$$x = x(t) = r\cos(\omega t) \tag{6.13}$$
$$y = y(t) = r\sin(\omega t) \tag{6.14}$$

図 **6.4** 座標表示における等速円運動

で与えられる．物体の速度 $\boldsymbol{v} = (v_x, v_y)$ は，大きさが $v = r\omega$ で向きは位置ベクトル $\boldsymbol{r}$ を左回りに $90° = \dfrac{\pi}{2}$ rad 回転した方向であるから，

$$v_x = v_x(t) = r\omega \cos\left(\omega t + \frac{\pi}{2}\right) = -r\omega \sin(\omega t) \tag{6.15}$$
$$v_y = v_y(t) = r\omega \sin\left(\omega t + \frac{\pi}{2}\right) = r\omega \cos(\omega t) \tag{6.16}$$

となり，同様に加速度 $\boldsymbol{a} = (a_x, a_y)$ は，大きさが $a = r\omega^2$ で向きは速度ベクトル $\boldsymbol{v}$ を左回りに $90° = \dfrac{\pi}{2}$ rad 回転した方向であるから，

$$a_x = a_x(t) = -r\omega^2 \sin\left(\omega t + \frac{\pi}{2}\right) = -r\omega^2 \cos(\omega t) \tag{6.17}$$
$$a_y = a_y(t) = r\omega^2 \cos\left(\omega t + \frac{\pi}{2}\right) = -r\omega^2 \sin(\omega t) \tag{6.18}$$

となる．

[例] 等速円運動において，位置ベクトルと速度ベクトルおよび速度ベクトルと加速度ベクトルがそれぞれ直交すること，位置ベクトルと加速度ベクトルが互いに反平行であることを示せ．

[例解] 二つのベクトルが直交することを示すにはベクトルの内積がゼロであることを示せばよい．(二つのベクトル $\boldsymbol{A} = (A_x, A_y)$，$\boldsymbol{B} = (B_x, B_y)$ の内積: $\boldsymbol{A} \cdot \boldsymbol{B} = A_x B_x + A_y B_y = AB\cos\theta$．ただし，$A = |\boldsymbol{A}|, B = |\boldsymbol{B}|$，$\theta$ は二つのベクトルのなす角である．)

$\boldsymbol{r} \cdot \boldsymbol{v} = xv_x + yv_y = -r\omega^2 \sin(\omega t)\cos(\omega t) + r\omega^2 \sin(\omega t)\cos(\omega t) = 0 \ \leftrightarrow\ \boldsymbol{r} \perp \boldsymbol{v}$.

$\boldsymbol{v} \cdot \boldsymbol{a} = v_x a_x + v_y a_y = r^2\omega^3 \sin(\omega t)\cos(\omega t) - r^2\omega^3 \sin(\omega t)\cos(\omega t) = 0 \ \leftrightarrow\ \boldsymbol{v} \perp \boldsymbol{a}$.

$\boldsymbol{a} = (-r\omega^2 \cos(\omega t),\ -r\omega^2 \sin(\omega t)) = -\omega^2 (r\cos(\omega t),\ r\sin(\omega)) = -\omega^2 \boldsymbol{r} \ \leftrightarrow\ \boldsymbol{a} // -\boldsymbol{r}$.

> **等速円運動のまとめ**
>
> 半径: r
>
> 速さ: $v =$ 一定　向き:接線方向
>
> 回転角: θ　弧度法: $\theta(\mathrm{rad}) = \dfrac{\theta(°)}{180°} \times \pi$
>
> 移動距離: $s = vt = r\theta$
>
> 角速度: $\omega = \dfrac{\theta}{t}$　→　$\theta = \omega t$,　$v = r\omega$
>
> 周期: $T = \dfrac{2\pi r}{v} = \dfrac{2\pi}{\omega}$
>
> 向心加速度の大きさ: $a = v\omega = r\omega^2 = \dfrac{v^2}{r}$　向き：中心方向

■■ 演習問題 ■■

6.1 $30°$, $60°$, $90°$, $120°$, $150°$, $180°$, $210°$, $240°$, $270°$, $300°$, $330°$, $360°$, をそれぞれ弧度法 (ラジアン) に直せ.

6.2 半径 $r = 1.0$ m の円周上を一定の速さ $v = 3.0$ m/s で運動する物体がある. このとき, 角速度 ω, 周期 T および向心加速度の大きさ a はいくらか. また, この物体は 10 秒間で円周上を何周まわるか.

6.3 半径 $r = 2.00$ m の円周上を周期 $T = 3.14$ s で等速円運動している物体がある. このとき, 物体の角速度 ω, 速さ v および向心加速度の大きさ a はいくらか. ただし, $\pi = 3.14$ として計算せよ.

6.4 地球が太陽の周りを等速円運動している (実際は楕円運動) とすると, 角速度は何 rad/s か, また, 速さおよび向心加速度の大きさを求めよ. ただし, 太陽から地球までの距離を 1 億 5 千万 km とする.

6.5 同様に, 地球の自転について角速度, 速さおよび向心加速度の大きさを求めよ. ただし, 地球の半径を 6.4×10^3 km とする.

7

単振動運動

7.1 単振動運動

単振動運動における物体の位置

図 7.1 は，半径 A の円周上を等速円運動する物体について，その運動の軌道を x 軸上に射影したものである[1]．この x 軸上の直線運動は，$x = A$ を最大，$x = -A$ を最小としてその間の往復運動となる．前章の等速円運動における座標表示で示したように，時刻 t における x 軸上の物体の位置 $x = x(t)$ は，

$$x = x(t) = A\cos(\omega t) \tag{7.1}$$

と表すことができる．このように，三角関数で表される直線運動を**単振動運動**とよぶ[2]．この単振動運動において，位置の最大値 A を**振幅**，ω をここでは，等速円運動と区別して，**角振動数**とよぶ．また，前章と同様に**周期** T は，角振動数 ω と

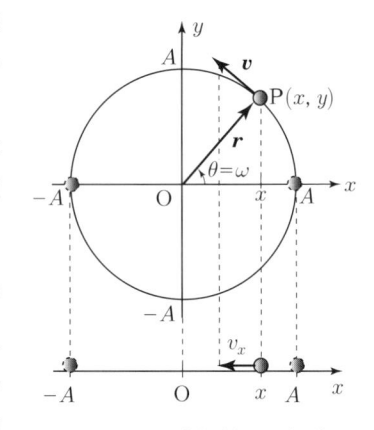

$$T = \frac{2\pi}{\omega}, \quad \omega T = 2\pi \tag{7.2}$$

図 **7.1** x 座標軸への射影

の関係にある．図 7.2(a) に単振動運動における x-t グラフを示した．

単振動運動における物体の速度

このように，x-t グラフが与えられれば，各時刻 t における接線の傾きを調べ，そのときの速度 v_x を知ることができる．これはすでに前章で与えられていて，

$$v_x = v_x(t) = -A\omega \sin(\omega t) \tag{7.3}$$

---

[1] y 軸の上の方から x 軸に光をあてたときに，物体の影が x 軸上に映される．これを射影という．
[2] 同様に，y 座標軸へ射影した運動の軌跡も単振動運動となる．初期位置が異なるだけである．

7.1 単振動運動

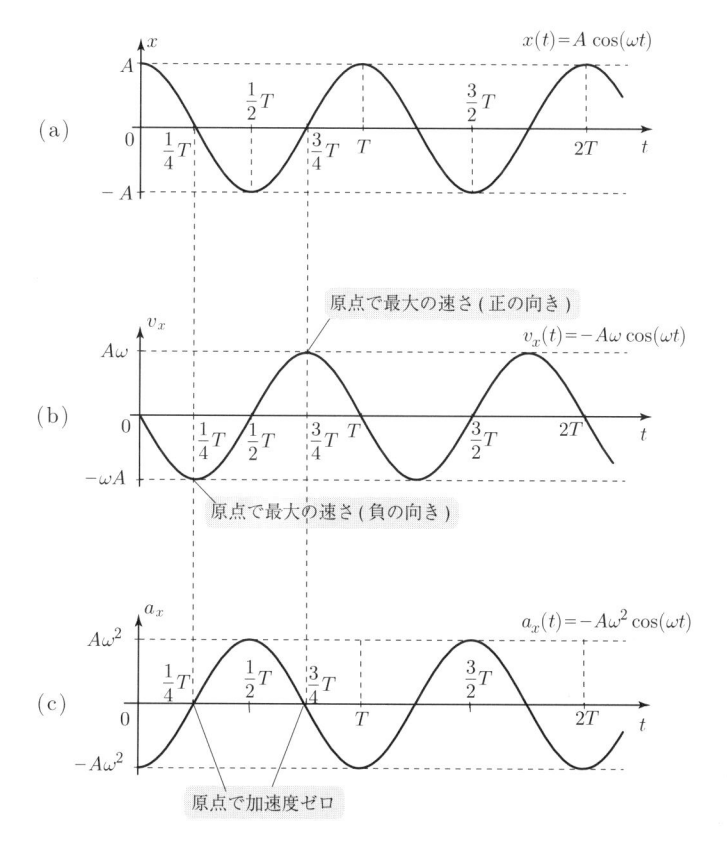

図 7.2 単振動運動における (a) x-t グラフ，(b) v-t グラフ，(c) a-t グラフ

である．これから，v_x-t グラフは図 7.2(b) のようになり，物体の速さが最大になるのは，物体が原点を通過するときである．

単振動運動における物体の加速度

同様に，v_x-t グラフが与えられれば，各時刻 t における接線の傾きを調べ，その時の加速度 a_x を知ることができる．これもすでに前章で与えられていて，

$$a_x = a_x(t) = -A\omega^2 \cos(\omega t) \tag{7.4}$$

である．これから a_x-t グラフは図 7.2(c) のようになり，単振動運動の加速度は，等加速度運動とは異なり，**時間とともに変化する**．また，加速度の大きさが最大となるのは，物体が原点から最も遠ざかった位置 ($x = A, -A$) のときであり，加速度がゼロとなるのは原点を通過するときである．

■■ 演習問題 ■■

7.1 x 軸上を単振動運動する物体の位置が時間の関数として $x=x(t)=2\cos(2\pi t)$ で与えられている．このとき，

(1) 振幅 A, 角速度 ω, および，周期 T はいくらか．
(2) 物体の速度を表す式 $v_x=v_x(t)$ を求めよ．
(3) 物体の加速度を表す式 $a_x=a_x(t)$ を求めよ．
(4) 物体の速度がはじめて最大，最小となるときの時刻と位置を求めよ．
(5) 物体の加速度がはじめて最大になるときの時刻と位置を求めよ．

7.2 半径 A の円周上の等速円運動 (角速度 ω) を y 軸上に射影したとき，その y 軸上の単振動運動について，時刻 t における，位置 $y=y(t)$, 速度 $v_y=v_y(t)$, 加速度 $a_y=a_y(t)$ をそれぞれ求めよ．ただし，円周上を運動する物体の初期位置を $\boldsymbol{r}_0=\boldsymbol{r}(0)=(A,0)$ とする．

7.3 同様に，半径 A の円周上の等速円運動を x 軸上に射影したとき，その x 軸上の単振動運動について，時刻 t における，位置 $x=x(t)$, 速度 $v_x=v_x(t)$, 加速度 $a_x=a_x(t)$ をそれぞれ求めよ．ただし，円周上を運動する物体の**初期角度**を $\theta_0=\theta(0)$ とする．

8
力のはたらき

8.1 力のはたらき

ここでは，物体にはたらくいろいろな力とその性質について学んでいく．力というものは直接みえるものではないが，物体にはたらく**作用**を通して力の存在を間接的に測定することができる．物理学では力を，

- 物体を変形させる作用
- 物体の運動状態を変化させる作用

という意味に限定してもちいる．物体を変形させるというのは，例えば，ばねを伸縮させたりすることである．一方，運動状態を変えるというのは，止まっている物体を動かす，動いている物体を止める，または，その運動方向を変えたりするような**加速度運動**をともなう作用のことである．したがって，運動状態の変化から，その物体にはたらく力を見ることができる．また，物体に力がはたらいているのにもかかわらず，全く動かない状況もある．このとき物体は**つりあいの状態**にあるといい，必ずはたらいている力を打ち消す力がはたらいている．

8.2 力の表し方

図 8.1 のように、物体にはたらいている力について考えよう．力は変位，速度，加速度などと同様，大きさと向きをもつ<u>ベクトル</u>である．そこで，この力をベクトルであるとい

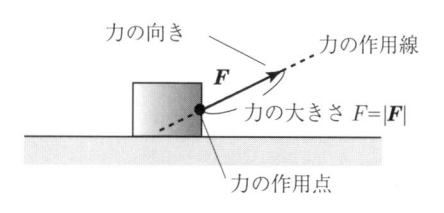

図 8.1 力の表し方
（力の向き，F，力の作用線，力の大きさ $F=|\boldsymbol{F}|$，力の作用点）

うことを強調して**太字**で $\boldsymbol{F}$ と表すことにし，その大きさを細字の $F=|\boldsymbol{F}|$ で表すことにする．向きは矢印の方向である．物体と力の接点を**力の作用点**とよび，力の向きに引いた線を**力の作用線**とよぶ．**力の三要素**とは，大きさ，向き，作用点によってきまる．

8.3 力の合成

二つの力 $\boldsymbol{F}_1$, $\boldsymbol{F}_2$ が物体にはたらいていたとする．このとき，二つの力を一つにまとめて $\boldsymbol{F}$ として表そう．これを**力の合成**といい，$\boldsymbol{F}$ を**合力**とよぶ．合力 $\boldsymbol{F}$ は

$$\boldsymbol{F} = \boldsymbol{F}_1 + \boldsymbol{F}_2 \tag{8.1}$$

のように，ベクトルの和で表される．この合力の向きは，平行四辺形法 (図 8.2(a)) もしくは三角形法 (図 8.2(b)) により得られる．大きさ $F=|\boldsymbol{F}|$ は $\boldsymbol{F}_1$ と $\boldsymbol{F}_2$ の大きさの和で

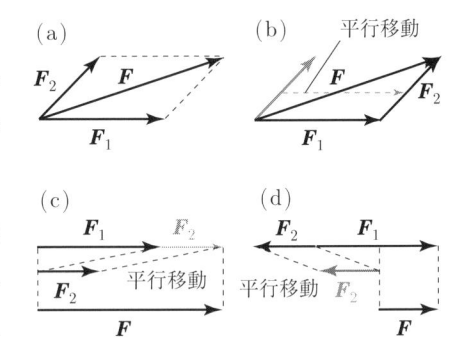

図 8.2 力の合成

はないことに注意しよう．合力の大きさが二つの力の大きさの和で表せる，つまり，$F=|\boldsymbol{F}_1+\boldsymbol{F}_2|=F_1+F_2$ が成立するのは，図 8.2(c) のように，$\boldsymbol{F}_1$ と $\boldsymbol{F}_2$ が互いに平行のときのみである．また，図 8.2(d) のように，$\boldsymbol{F}_1$ と $\boldsymbol{F}_2$ が互いに反平行のときは，$F=|\boldsymbol{F}_1+\boldsymbol{F}_2|=F_1-F_2$ と大きさの差で表すことができる[1]．

8.4 力のつりあい

二つの力のつりあい

綱引きで力が拮抗していて動かない場合を想像してみれば分かるように，物体に複数の力がはたらいているのにも関わらず，その運動の状態が変化しない場合がある．このようなとき，物体にはたらく力は**つりあっている**，あるいは**つりあいの状態にある**という．図 8.3 のように，二つの力 $\boldsymbol{F}_1$ と $\boldsymbol{F}_2$ がつりあっている場合，それらの大きさは同じで向きは互いに反平行である．これをベクト

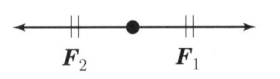

図 8.3 二つの力のつりあい

ルで考えると，力のつりあいとは合力 $\boldsymbol{F}=\boldsymbol{F}_1+\boldsymbol{F}_2$ がゼロであるといいかえることができる．つまり，

$$\boldsymbol{F} = \boldsymbol{F}_1 + \boldsymbol{F}_2 = \boldsymbol{0} \tag{8.2}$$

である．二つのベクトルが互いに反平行の場合，その合成ベクトルの大きさはそれぞれのベクトルの大きさの差で表された．したがって，今の場合，$F_1-F_2=0 \rightarrow F_1=F_2$ である．

---

[1] もちろん大きさは正でなくてはならないので，差は大きいものから小さいものを引かなくてはならない．

三つ以上の力のつりあい

図 8.4 のように，三つの力がつりあいの状態にあるときは，まず，任意の二つの力の合成 ($\bm{F} = \bm{F}_1 + \bm{F}_2$) を考えて，二つの力のつりあいに帰着させればよい．このとき，

$$\bm{F} + \bm{F}_3 = \bm{F}_1 + \bm{F}_2 + \bm{F}_3 = \bm{0} \tag{8.3}$$

の関係が成り立つ．上の式の左辺から，$F - F_3 = 0$ の関係が得られる．

図 8.4 三つの力のつりあい

この考えを発展させれば，三つ以上の力の場合もすべての力を合成したものがゼロであることがつりあいの条件である．したがって，N 個の力のつりあいの条件は

$$\bm{F}_1 + \bm{F}_2 + \cdots + \bm{F}_N = \sum_{i=1}^{N} \bm{F}_i = \bm{0} \tag{8.4}$$

と表せる．

8.5 力の分解

前節では力のつりあいの条件を考えたが，実際に問題を解くときには，以下に示すように**力の分解**をおこない，各方向についての力のつりあいを考えたほうがよい．図 8.5(a) の

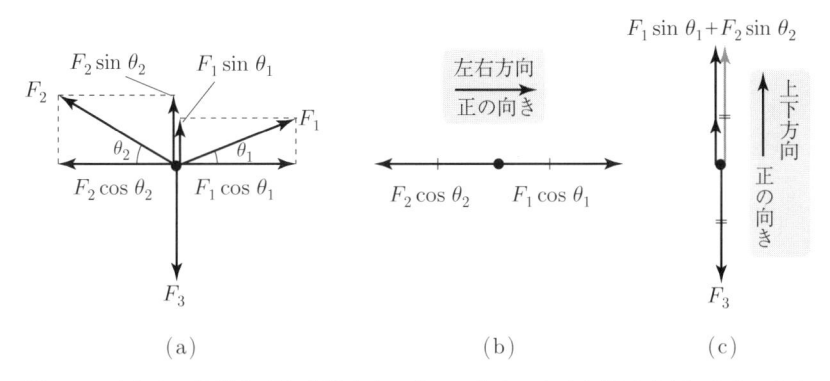

図 8.5 (a) 力の分解と (b) 水平方向の力のつりあいと (c) 鉛直方向に力のつりあ

ように，三つの力がつりあっているとする．まず，今の場合，各力を左右方向と上下方向に分解する．このとき，各方向に対して**正の向き**を定めておく．今の場合，右向きを正の向き，上向きを正の向きと定める．各方向に対する力のつり合いの条件は，

$$\text{左右方向：} \underbrace{0}_{\text{つりあいの条件}} = \underbrace{F_1 \cos\theta_1}_{\substack{\text{正の向きの} \\ \text{力の大きさ}}} \underbrace{-}_{\text{負の向き}} \underbrace{F_2 \cos\theta_2}_{\substack{\text{負の向きの} \\ \text{力の大きさ}}} \tag{8.5}$$

$$\text{上下方向：} \underbrace{0}_{\text{つりあいの条件}} = \underbrace{F_1 \sin\theta_1 + F_2 \sin\theta_2}_{\substack{\text{正の向きの} \\ \text{合力の大きさ}}} \underbrace{-}_{\text{負の向き}} \underbrace{F_3}_{\substack{\text{負の向きの} \\ \text{力の大きさ}}} \tag{8.6}$$

で与えられる[2]．これらから，

$$左右方向：F_1 \cos\theta_1 = F_2 \cos\theta_2 \tag{8.7}$$

$$上下方向：F_1 \sin\theta_1 + F_2 \sin\theta_2 = F_3 \tag{8.8}$$

のように，各力の大きさ F_1, F_2, F_3 の間の関係式が得られる．

8.6 作用・反作用の法則

力を受けている物体があれば，必ず力を及ぼしている相手の物体がある．一つの物体が相手なしに力を受けることはありえない．

物体 A が物体 B に力を及ぼせば(作用すれば)，必ず A は B から力をうける．A から B に及ぼす力 $\boldsymbol{F}_{A \to B}$ を作用というとき，B から A に及ぼす力 $\boldsymbol{F}_{B \to A}$ を反作用という (図8.6)．これらの力は同一作用線上で大きさが等しく互いに向きが反対である ($\boldsymbol{F}_{A \to B} + \boldsymbol{F}_{B \to A} = \boldsymbol{0}$)．これを作用・反作用の法則とよぶ[3]．

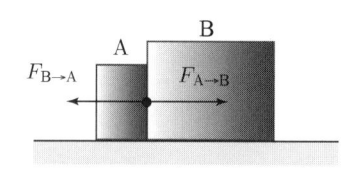

図 8.6 作用・反作用の法則

8.7 いろいろな力

この節では物体にはたらくいろいろな力について説明していく．状況に応じて物体にはたらいている力を図から判断できるようになろう．

重　力

地球上における物体には必ず**重力**が鉛直下向きにはたらく (図8.7)．物が下に落ちるのは，重力がはたらいているからである．実際は，この重力の大きさは場所によって若干異なる[4]．しかしながら，我々が住んでいる地球表面上の近くにおいては，重力の大きさの違いはほとんど無視することができるので，今後は特に断らない限り，物体にはたらく重力はどこでも一定であると仮定する．

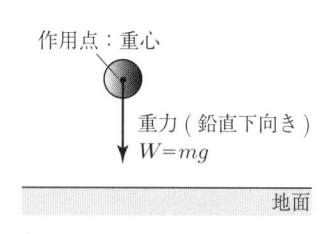

図 8.7 重力

重力は物体との接触点をもたない力である．そこで，物体にはたらく重力を図で表すときは，**重心**[5]を作用点とする．重力の大きさ W は，その物体のもつ**質量** m に比例し，重

---

[2] 左辺にゼロを書いたのは次章で扱う運動方程式 $ma = F$ と同じように書くためである．物体に力がはたらくとその方向に加速度が生じるのが運動の法則である．力学の理論を運動の法則にしたがって構成していく立場では，力のつり合いは加速度がゼロ ($a = 0$) の特別な場合である．

[3] これは，後に習うニュートンの運動の第三法則である．

[4] 北海道と沖縄で同じ高さから物体を落としたら，北海道のほうが若干速く落ちる．つまり重力加速度の大きさは北海道の方が若干大きい．

8.7 いろいろな力

力加速度の大きさ g を用いて,

$$W = mg \tag{8.9}$$

で与えられる.

垂直抗力

図 8.8(a) のように, 水平な床に置かれた物体を考えよう. この物体には鉛直下向きに重力がはたらいている. 前節の力のはたらきで説明したように, 物体に力がはたらいていると物体の運動状態は変化するはずであるが, 実際は床の上で静止したままである. これは, 重力を打ち消す方向に他の力がはたらいていて, それら 2 つの力がつりあっているからである. この重力を打ち消す方向にはたらく床面からの力を**抗力**といい, 特に, 面に対して垂直にはたらく抗力を**垂直抗力**とよぶ[6].

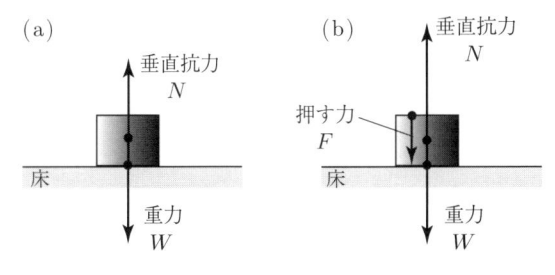

図 8.8 垂直抗力

図 8.8(a) のように重力の大きさを W, 垂直抗力の大きさを N とすると, こららがつりあっているので, 鉛直上向きを正の方向としてつりあいの条件式は

$$\underbrace{0}_{\text{つりあいの条件}} = \underbrace{N}_{\text{正の方向の力の大きさ}} \underbrace{-}_{\text{負の方向}} \underbrace{W}_{\text{負の方向の力の大きさ}} \tag{8.10}$$

であるから,

$$N = W \tag{8.11}$$

が成り立つ. したがって, 今の場合, 垂直抗力の大きさは重力の大きさに等しい. また, 垂直効力の作用点の場所は, 重力の作用線と床面との交点とする. 次に, 図 8.8(b) のように, 物体を上から力 F で押したとすると, 垂直効力はどうなるであろうか? 物体にはたらく垂直抗力は, 重力と押す力の和とつりあっているので, つりあいの条件式は

$$\underbrace{0}_{\text{つりあいの条件}} = \underbrace{N}_{\text{正の方向の力の大きさ}} \underbrace{-}_{\text{負の方向}} \underbrace{(W+F)}_{\text{負の方向の合力の大きさ}} \tag{8.12}$$

---

[5] 重心とは物体の各部分にはたらく重力を, まとめて一点に集中させることができる点である.
[6] このことからも分かるように, 物体にはたらく垂直効力は重力の反作用力ではない. 物体にはたらく重力は地球が及ぼしているので, その反作用力は物体が地球を引っ張る力である. 垂直効力の反作用力は, 物体が面を押す力である. これは垂直効力に対して反対方向 (鉛直下向き) であり大きさは垂直効力の大きさに等しい.

となるから，
$$N = W + F \tag{8.13}$$
が成り立つ．このように，垂直抗力は力のつりあいの条件から決められ，いつも重力 W とはかぎらないことに注意しよう．

静止摩擦力

図 8.9 のように，あらい[7]床の上におかれた物体にひもをつけて大きさ T の力で水平方向に引っ張る．この力のことを**張力**とよぶ[8]．物体にはたらいている張力 T が小さければ物体は動かない．したがって，物体が静止したままであるということは，その力を打ち消す方向に他の力がはたらいていて，それら 2 つの力がつりあっているはずである．このように水平方向にはたらく抗力のことを**摩擦力**とよび，特に，物体が静止しているので，**静止摩擦力**という．静止摩擦力の大きさを F，水平右向きを正の向きとするとつりあいの条件により，

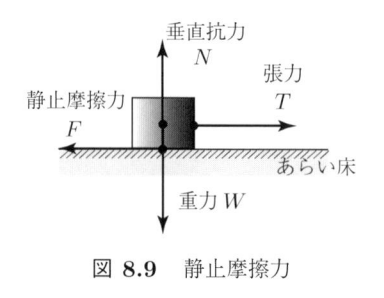

$$\underbrace{0}_{\text{つりあいの条件}} = \underbrace{T}_{\text{正の方向の力の大きさ}} \underbrace{-}_{\text{負の方向}} \underbrace{F}_{\text{負の方向の力の大きさ}} \tag{8.14}$$

図 8.9 静止摩擦力

となるので，
$$F = T \tag{8.15}$$
が成り立つ．したがって，静止摩擦力の大きさは張力の大きさに等しい．ここで，張力を徐々に大きくしていくと，それにしたがって静止摩擦力も大きくなるが，張力がある大きさを超えると物体は動き出す．この動き出す直前の静止摩擦力を**最大静止摩擦力**とよぶ．最大静止摩擦力の大きさを F_m とすると，F_m は垂直抗力 N に比例し，

$$F_\mathrm{m} = \mu N \tag{8.16}$$

で与えられる．この比例係数 μ を**静止摩擦係数**とよぶ．このように，静止摩擦力が垂直効力に比例するのは，それが最大静止摩擦力のときのみであることに注意しよう．

ばねによる弾性力

ばねを自然長 (伸びてみ縮んでもいない状態) から伸ばしたり縮めたりすると，もとの長さに戻ろうとする力がばねにはたらく．これを**弾性力**または**復元力**とよぶ．この弾性力の大きさ F は，ばねの伸びた (縮んだ) 長さ s に比例し，

$$F = ks \tag{8.17}$$

の関係がある．これを**フックの法則 (Hooke's Law)** とよぶ．また，比例定数 k はば

---

[7] 摩擦力がはたらく床をあらい床，摩擦力が無視できる (はたらかない) 床をなめらかな床もしくは単に床という．

[8] 物体にはたらく張力の方向は必ず糸を引張る方向である．糸がたるむ方向には力ははたらかない．

ね定数とよばれているものである．このばねの弾性力の向きは，図 8.10 のように，ばねが伸びているときはそれを縮めようとする向き (8.10(a))，ばねが縮んでいるときはそれを伸ばそうとする向き (8.10(b))，である[9]．

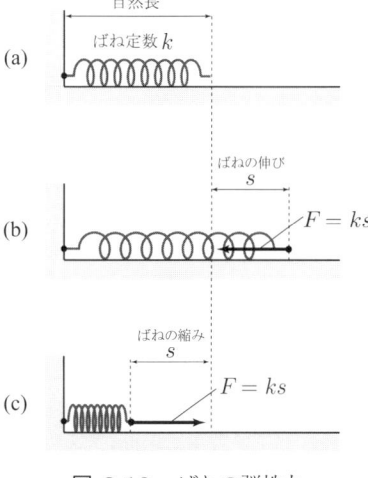

図 8.10 ばねの弾性力

■■ 演習問題 ■■

8.1 図に示す大きさの等しい 二つの力 $\boldsymbol{F}_1$ と $\boldsymbol{F}_2$ を合成し，その大きさを求めよ．ただし，$|\boldsymbol{F}_1|=|\boldsymbol{F}_2|=F$ とする．

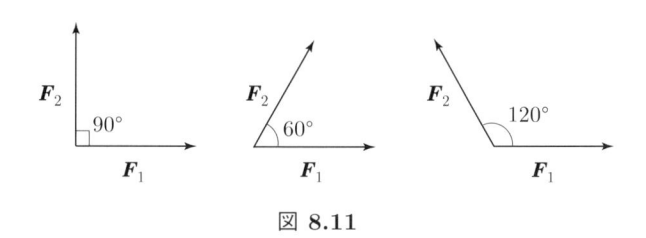

図 8.11

8.2 図 8.12 のように，質量 M の台にロープを取り付け軽い滑車に通し，台の上に乗っている人 (質量 m) がそのロープを引き，台を地面から離して静止させた．このとき，人がロープを引く力の大きさを M，m，重力加速度の大きさ g で表したい．以下の設問に答えよ．
 (1) 人にはたらいている力を図示し，力のつりあいの式をたてよ．
 (2) 台にはたらいている力を図示し，力のつりあいの式をたてよ．
 (3) (1)，(2) から人がロープを引いている力を求めよ．

---

[9] もちろん，壁に固定している左端にも同じ力がはたらいている．ばねが伸びているときは，図 8.10(b) の右向きに弾性力 F がばねにはたらいている．この反作用力として壁がばねを F で左向きに引っ張っている．同様に，ばねが縮んでいるときは，図 8.10(c) の左向きに弾性力がばねにはたらいている．この反作用力として壁がばねを右向きに押している．つまり，ばねを伸ばす (縮める) には左右から同じ大きさの力で引っ張る（押す）必要がある．

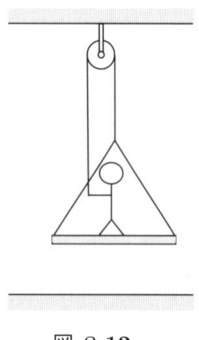

図 8.12

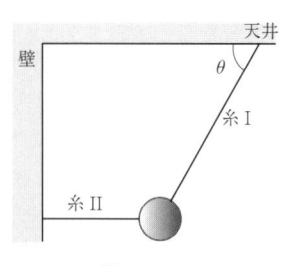

図 8.13

8.3 図 8.13 のように，一端を天井に固定した糸 I および一端を壁に固定した糸 II に質量 m の物体をつるし固定した．このとき，物体にはたらく糸 I からの張力 T_1 と糸 II からの張力 T_2 を求めたい．以下の設問に答えよ．ただし，重力加速度の大きさを g とする．

(1) 物体にはたらく力をすべて図示せよ．
(2) 水平方向と鉛直方向に関する力のつりあいの式をたてよ．
(3) 上の 2 つの式から，T_1 と T_2 をそれぞれ，m, g, θ をもちいて表せ．

8.4 図 8.14 のように，一端を天井に固定した糸 I および糸 II に質量 m の物体をつるし固定した．このとき，物体にはたらく糸 I からの張力 T_1 と糸 II からの張力 T_2 を求めたい．以下の設問に答えよ．ただし，重力加速度の大きさを $g = 9.8 \text{ m/s}^2$ とする．

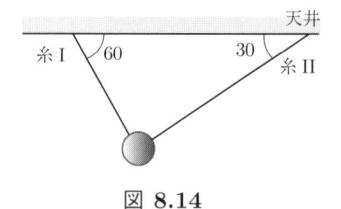

(1) 物体にはたらく力をすべて図示せよ．
(2) 物体に着目し，その水平方向と鉛直方向に関する力のつり合いの式をたてよ．
(3) 上の 2 つの式から，T_1 と T_2 をそれぞれ，m, g をもちいて表せ．

図 8.14

8.5 なめらかな斜面上に置かれた質量 m の物体に糸をとりつけ，図 8.15 のように固定した．以下の問いに答えよ．ただし，重力加速度の大きさを g とする．

(1) 物体にはたらく力をすべて図示せよ．
(2) 重力を斜面に対して水平方向と鉛直方向に分解したものを図にかき，それぞれの大きさを求めよ．
(3) 力のつり合いから，垂直抗力と張力を m, g および θ をもちいて表せ．

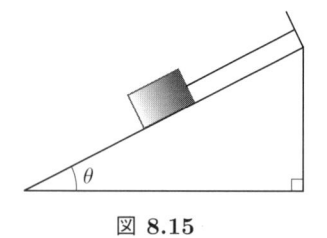

図 8.15

8.6 図 8.16 のように，あらい斜面の上に質量 m の物体を置いたところ，物体は静止した．このとき，以下の問いに答えよ．ただし，重力加速度の大きさを g とする．

(1) 物体にはたらく力をすべて図示せよ．
(2) 静止摩擦力はいくらか．m, g および θ をもちいて表せ．
(3) 斜面の角度が θ_c を超えたとき，物体が動き出した．このとき，静止摩擦係数 μ を求めよ．

演習問題   53

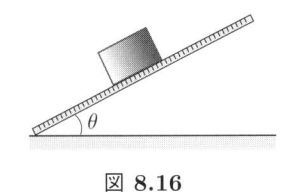

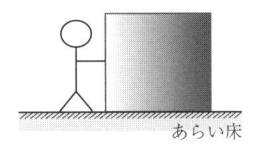

図 8.16

図 8.17

8.7 図 8.17 のように，あらい床の上に置かれた質量 M の物体を人 (質量 m) が大きさ F の力で水平方向に押している．ここで，物体と床との間の静止摩擦係数を μ_1，人と床との間の静止摩擦係数を μ_2 とし，重力加速度の大きさを g とする．

(1) 物体にはたらいている力を示せ．
(2) 人にはたらいている力を示せ．
(3) 力 F を徐々に大きくして人がすべらずに物体が動くための条件を求めよ．ただし，物体は横転せずにすべるものとする．

8.8 図 8.18 のように，質量 m の物体 A を質量 M の物体 B の上に置き，物体 A を大きさ F の力で右向き正の方向へ引いたところ，物体 A および物体 B は静止したままであった．

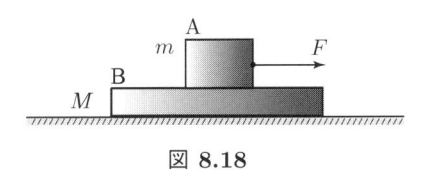

図 8.18

ここで，物体 A と物体 B との間の静止摩擦係数を μ_A，床と物体 B との間の静止摩擦係数を μ_B とし，重力加速度の大きさを g とする．以下の問いに答えよ．

(1) 物体 A にはたらいている力を示せ．
(2) 物体 B にはたらいている力を示せ．
(3) F を徐々に大きくして A と B が離れずに動くための条件を求めよ．ただし，物体は横転せずに滑るものとする．

8.9 図 8.19 のように，ばね定数 k のばねの上端を天井につけて他端を質量 m の物体につけて，静かにはなして静止させた．このとき，以下の問いに答えよ．

(1) (a) の場合，ばねの伸びを求めよ．
(2) (b) の場合，それぞれのばねの伸びを求めよ．
(3) (c) の場合，それぞれのばねの伸びを求めよ．

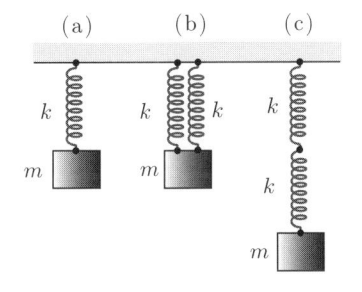

図 8.19

8.10 図 8.20 のように，あらい床の上におかれた質量 m の物体にばね定数 k のばねをつけて水平に引っ張ったところ，ばねの伸びは s で物体は静止したままであった．このとき，以下の問いに答えよ．ただし，重力加速度の大きさを g，床と物体との間の静止摩擦係数を μ とする．

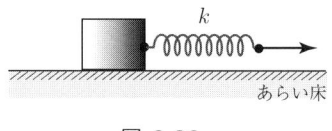

図 8.20

(1) ばねにはたらく力と物体にはたらく力の関係について説明せよ．
(2) ばねの伸びによる弾性力の大きさ F_1 および静止摩擦力の大きさを F_2 を求めよ．この状態からさらにばねを引っ張ると，ばねの伸びが s_m を超えたところで物体が動き出した．このとき，
(3) 最大静止摩擦力の大きさ F_m を求めよ．
(4) ばねの伸び s_m を求めよ．

9
運動の法則

9.1 運動の法則

これまでは，物体の運動と物体にはたらく力を別個に扱ってきたが，ここでは，いよいよこれらの間に成り立つ関係，**運動の法則**を学んでいく．

運動の法則は以下で挙げる3つの法則からなる．ボールなどの身近にある物体の運動はもちろんのこと，一生かかっても行くことができない非常に遠方にある天体の運動など，様々な物体の運動が，たった3つの法則に従っている．この汎用性こそが物理学があらゆる分野の基礎といわれる所以である．

運動の3法則

第1法則 (慣性の法則)
　　外部から力がはたらいていなければ (はたらいていてもその合力が0，すなわち，つりあいの状態にあるならば)，静止している物体はそのまま静止を続け，運動している物体はその方向と速さを変えずにそのまま運動（等速度運動）を続ける．

第2法則 (運動の法則)
　　物体に外から力がはたらくと，物体には力の方向に加速度が生じる．その加速度の大きさは力の大きさに比例し，物体のもつ質量に反比例する．

第3法則 (作用・反作用の法則)
　　物体Aが物体Bに力を及ぼすとき(作用)，物体Bもまた物体Aに，同じ直線上にあって，大きさが等しく向きが反対の力を及ぼしている(反作用)．

9.2 運動方程式 (ニュートン方程式)

運動の第 2 法則を具体的に式で表そう．物体の質量を m，物体にはたらく力を $\boldsymbol{F}$，このとき生じる加速度を $\boldsymbol{a} = \boldsymbol{a}(t)$ とする[1]．運動の第 2 法則によれば，

$$\underbrace{\boldsymbol{a}}_{\text{加速度}} = \underbrace{\frac{\boldsymbol{F}}{m}}_{\text{力に比例し，質量に反比例する}} \qquad (9.1)$$

であるから，**運動方程式 (ニュートン方程式)**，

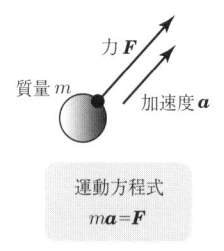

図 9.1 運動方程式

$$m\boldsymbol{a} = \boldsymbol{F} \qquad (9.2)$$

が得られる．ここでは簡単のため，質量は時間的に変化しない定数としておく[2]．この式 (9.2) は「物体に力が加えられたならば，結果として加速度が生じる」という**因果律 (原因・結果関係)** を表しており，物理的に重要な意味を持っている[3]．

力 の 単 位

式 (9.2) の運動方程式の左辺の単位は，質量の単位 (kg) と加速度の単位 (m/s^2) の積 kg·m/s^2 である．これをまとめて，N(ニュートン) = kg·m/s^2 と表し，力の単位とする．つまり，1 N の力を質量 1 kg の物体に加えると 1 m/s^2 の加速度が生じる．

等速度運動と運動方程式

等速度運動を運動方程式の観点からみてみよう．x 軸上を一定の速度 v_0 で運動する質量 m の物体を考える．物体は等速度運動をしているので加速度 $a = a(t)$ は時間に関係なくゼロである．したがって，

$$ma = 0 \qquad (9.3)$$

となる．つまり，物体には力がはたらいていないので，運動の第 1 法則により，物体は速度 v_0 で運動を続ける．もし，$v_0 = 0$ ならば物体は静止し続ける．

等加速度運動と運動方程式

同様に，等加速度運動を運動方程式の観点からみてみよう．x 軸上を等加速度運動する質量 m の物体を考える．物体の加速度を $a = a(t)$ とすると，この値は時間が経っても変化せず一定である．また，質量 m も一定であるから，

$$ma = \text{一定} \qquad (9.4)$$

---

[1] 物体にはたらく力は一定とは限らないので物体に生じる加速度は一般に時間変化する．

[2] ロケットなどは燃料を外に噴出させることによって推進力を得ている．このような運動の場合，ロケットに関する運動方程式は質量が時間とともに変化するので，式 (9.2) を用いることはできない．

[3] 物理で現れる方程式は，左辺に結果を右辺に原因をかく．なので，運動方程式の観点からすれば，(数学的には同じかもしれないが) $\boldsymbol{F} = m\boldsymbol{a}$ はあまりよくない．

となり，物体には一定の力が加わっていることが分かる．つまり，物体が等加速度運動を続けるためには，加速度を一定値に保つために一定の力を加え続けなくてはならない．静止している物体に一瞬だけ力を加えても，加速度は一瞬だけ生じるだけで，その後は等速度運動を続ける．

等速円運動と運動方程式

等速円運動の特徴は，常に一定の加速度が中心方向に生じていることである．これを運動方程式の立場で考えると，物体には常に一定の力が中心方向にはたらいていないといけない．この力を**向心力**とよぶ．したがって，運動方程式は

$$ma = F \quad \to \quad m\frac{v^2}{r} = mrv = mr\omega^2 = F \quad (9.5)$$

となる．ここで，F は向心力 (向きは中心方向) である[4]．

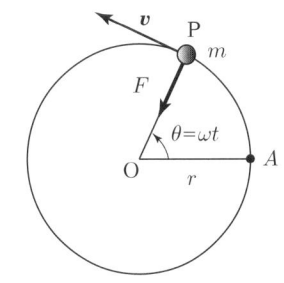

図 9.2 等速円運動における向心力

$$ma = m\frac{v^2}{r} = mrv = mr\omega^2 = F$$

9.3 運動方程式のたて方

これから，さまざまな問題に対して運動方程式をたて加速度 $a = a(t)$ を求める．そのためには，運動方程式を正確にたててそれを解かなくてはならない．以下，その手順を説明する．

運動方程式をたてる手順

手順 (1)
　着目する物体にはたらく力をすべて図示する．

手順 (2)
　運動の方向を想定し座標軸を設定する．求める加速度の向きは座標軸の正の方向にとっておく．

手順 (3)
　着目する物体に対して運動方程式をたてる．物体にはたらく力が斜め方向の場合には，力を水平方向および鉛直方向に分解し，各方向に対して加速度を設定する．質量 m の物体に対する運動方程式は，加速度を a とし，左辺で ma と書いてから，右辺に物体にはたらいている力をすべて書き出す．力の向きは座標軸の正の方向を正，負の向きを負とする．図には力の大きさを書き，符号は力の向き (矢印) で判断する．

---

[4] 例えば，糸を物体につけてぐるぐるまわしたときは，糸の張力が向心力である．地球は太陽の周りを回転運動しているがこの向心力は**万有引力**である．

9. 運動の法則

[例] 質量 0.50 kg の物体をつるした軽い糸の上端をもって，10 N の力で引き上げ続ける．このとき，物体の加速度はいくらか．ただし，重力加速度の大きさを $g = 9.8$ m/s^2 とし，鉛直上向きを正の方向とする．

[例解] 上記の手順にしたがって，加速度を求めよう．
物体にはたらく力は，鉛直上向きに張力 $T = 10$ N，鉛直下向きに重力 $W = mg = 4.9$ N である．これを図示すると，図 9.3 のようになる (手順 (1))．求める加速度を a として，向きを正の方向 (鉛直上向き) に設定しておく (手順 (2))．運動方程式をたてる (手順 (3))．

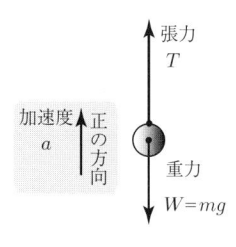

$$ma = \underbrace{T}_{\text{正の方向の力の大きさ}} \underbrace{-}_{\text{負の方向}} \underbrace{W}_{\text{負の方向の力の大きさ}} = T - mg \tag{9.6}$$

図 9.3

ここで，右辺は物体にはたらく合力である．今，鉛直上向きを正の方向としたので，重力は $-mg$ である．重力も張力も一定であるから，加速度も

$$a = \frac{T - mg}{m} \tag{9.7}$$

と一定となる．それぞれの数値を代入すると，

$$a = \frac{10 - 4.9}{0.5} = 10.2 \simeq 10 \text{ m/s}^2 \tag{9.8}$$

となる．

[例] 図 9.4 のように，水平な台の上に質量 m の物体 A を置き，糸をつけて水平に引き，軽い滑車を通して，糸の他端に質量 M の物体 B をつけて静かにはなした．運動中の A と B の加速度 a と糸の張力 T を求めよ．ただし，重力加速度の大きさを g とし，空気抵抗や摩擦はないものとする．

[例解] まず，各物体にはたらく力を図示する．物体 A にはたらく力は，重力 mg，台からの垂直効力 N，糸からの張力 T，物体 B にはたらく力は，重力 Mg，糸からの張力 T であり，図のようになる (手順 (1))．次に，加速度の向きを物体 A については水平方向 (右向きを正)，物体 B については鉛直方向 (下向きを正) に設定し，それらを a とする (手順 (2))．今，物体 A と物体 B は滑車でつながっているので，加速度の大きさは同じである．ここで，物体 A について，重力 mg と垂直効力 N がつりあっているので，鉛直方向の加速度はゼロである．したがって，各物体に対する運動方程式は，

$$A: ma = T \tag{9.9}$$
$$B: Ma = Mg - T \tag{9.10}$$

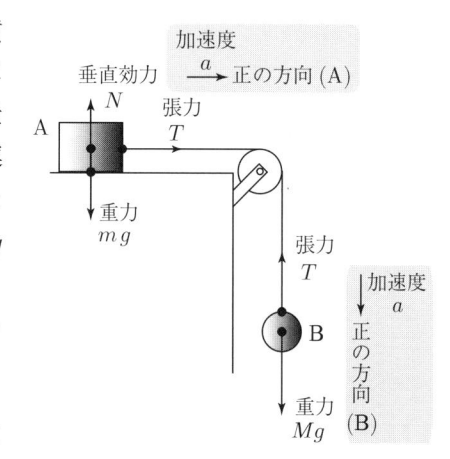

図 9.4

となる (手順 (3))．これら 2 つの式は，加速度 a と張力 T を求めるための a と T に関する<u>連立方程式</u>となっている．これらを解こう．式 (9.9)+式 (9.10) から，

9.4 動摩擦力

$$(m+M)a = Mg \tag{9.11}$$

となるので，加速度は

$$a = \frac{M}{M+m}g \tag{9.12}$$

となり，この結果を式 (9.9) に代入すると，張力は

$$T = ma = \frac{mMg}{M+m} \tag{9.13}$$

となる．

9.4 動摩擦力

あらい床の上では物体に摩擦力がはたらくが，特に運動をしている物体に対しては，**動摩擦力**がはたらく．動摩擦力の向きは**運動を妨げる向き**でその大きさを F' とすると，これは垂直抗力の大きさ N に比例する．したがって，

$$F' = \mu' N \tag{9.14}$$

と表せる．ここで比例係数 μ' を**動摩擦係数**とよぶ．このように，垂直抗力が一定であれば，動摩擦力も一定となる．加える力を大きくするとそれにともなって大きくなる**静止摩擦力**と混同しないように注意しよう．また一般に，静止摩擦係数は動摩擦係数より大きい．

[例] 水平面と角 θ をなすあらい斜面上で物体が静かに滑り出した．重力加速度の大きさを g, 動摩擦係数を μ' として以下の問いに答えよ．

(1) 滑り下りているときの加速度はいくらか．
(2) 斜面上で距離 l だけ滑り下りたときの速度はいくらか．

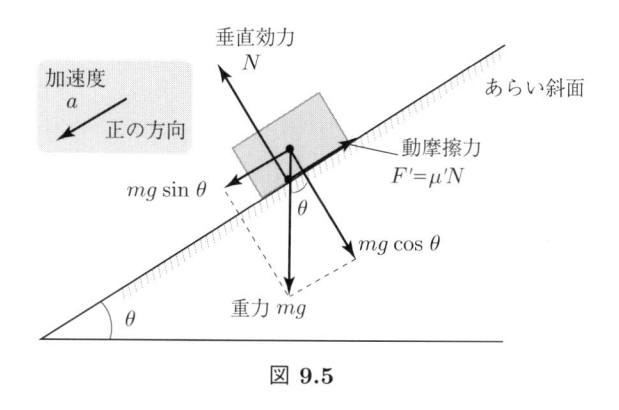

図 9.5

[例解] (1) 図 9.5 のように物体にはたらく力は，重力 mg, 垂直抗力 N, 動摩擦力 $F' = \mu'N$ である (手順 (1))．次に，**斜面と平行な方向に対する加速度**を a として，斜面に沿って下向きを正の向きと定める (手順 (2))．運動方程式をたてるために，重力 mg を斜面に対して水平な方向と垂直な方

向に分解する．斜面に対して垂直な方向に対しては物体にはたらく力はつりあっているので，つりあいの条件 $0 = N - mg\cos\theta$ から，

$$N = mg\cos\theta \tag{9.15}$$

となる．一方，斜面に対して水平な方向に対する運動方程式は，

$$ma = mg\sin\theta - \mu' N \tag{9.16}$$

である (手順 (3))．式 (9.15) を式 (9.16) に代入し，両辺を m でわると，

$$a = g(\sin\theta - \mu'\cos\theta) \tag{9.17}$$

が得られる．ここで，θ も μ' も一定であるから，加速度も一定となる．すなわち，摩擦のある斜面上を滑る物体の運動は等加速度運動となる．もちろん，摩擦がなくても斜面を滑り降りる物体の運動は等加速度運動で加速度は，$\mu' = 0$ として，$mg\sin\theta$ である．

(2) 斜面と平行方向の速度を v とすると，初速度 $v_0 = 0$ であるから，距離 l だけ進んだときの速度 v は等加速度運動の公式 $v^2 - v_0^2 = 2al$ より，

$$v = \sqrt{2al} = \sqrt{2gl(\sin\theta - \mu'\cos\theta)} \tag{9.18}$$

となる．

9.5 ばねの弾性力による単振動運動

図 9.6 のように，質量 m の物体にばね定数 k のばねを取り付け，ばねを自然長 ($x = 0$) より A だけ引き延ばし静かに手をはなしたときの物体の運動を考えよう．ある時刻 t における物体の加速度および位置をそれぞれ，$a = a(t)$，$x = x(t)$ とする．このとき，物体には大きさ $F = kx$ のばねの弾性力による力が負の向きにはたらいているから，運動方程式は，

$$ma = -F = -kx \tag{9.19}$$

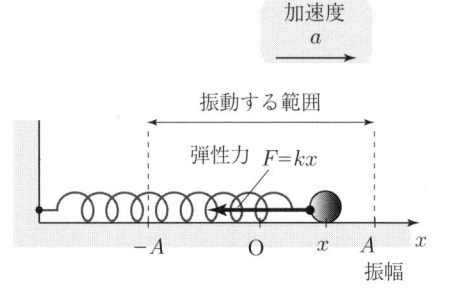

図 9.6 ばねの弾性力による単振動運動

となる．この運動方程式は簡単に解けそうな気がするが，今までと同様に，$a = -\dfrac{k}{m}x$ としても時間の関数としての $x = x(t)$ が決まらないので，これでは方程式を解いたことにはならない．そこで，われわれが知っている加速度運動を表す式を式 (9.19) に代入して解を探してみよう．まず，等加速度運動を表す式の加速度 a (一定) と位置 $x = x(t) = A + \dfrac{1}{2}at^2$ (初速度ゼロ，初期位置 $x = x(0) = A$ とする) を代入してみると，

$$ma = -k\left(\frac{1}{2}at^2 + A\right) \quad \rightarrow \quad a = \frac{-kA}{m + \dfrac{k}{2}t^2} \text{ (?)} \tag{9.20}$$

となるが，左辺の一定であるはずの加速度 a が右辺のように時間変化してしまうので，これは明らかに矛盾である．

次に，直線運動で具体的に時間の関数として分かっている単振動運動を表す式 (7.1) と式 (7.4) をそれぞれ，式 (9.19) の右辺と左辺に代入してみよう．すると，

$$-mA\omega^2 \cos(\omega t) = -kA\cos(\omega t) \tag{9.21}$$

という関係式が得られる．ここで，左辺と右辺が任意の時間 t で等しくなるためには，角振動数と質量およびばね定数の間に，

$$m\omega^2 = k \quad \rightarrow \quad \omega = \sqrt{\frac{k}{m}} \tag{9.22}$$

という関係式が成り立つ必要がある．逆に，角振動数が式 (9.22) の右辺で与えられていれば，単振動運動を表す式

$$x = x(t) = A\cos(\omega t), \quad \omega = \sqrt{\frac{k}{m}} \tag{9.23}$$

は運動方程式 (9.19) の解となる．したがって，ばねにつながれた物体は単振動運動を行い，この単振動運動の周期 T は，

$$T = \frac{2\pi}{\omega} = 2\pi\sqrt{\frac{m}{k}} \tag{9.24}$$

で与えられる．

■■■ 演習問題 ■■■

9.1 摩擦のない水平面上で，質量 2.0 kg の物体に 10 N の力を水平に加えると，物体に生じる加速度の大きさはいくらになるか．

9.2 質量 4.0 kg の物体を加速度 3.0 m/s^2 で動かすために必要な力の大きさはいくらか．

9.3 物体に水平に 18 N の力を加えつづけると一定の加速度 3.0 m/s^2 で運動した．このとき，物体の質量はいくらか．

9.4 図 9.7 のように，質量 M の物体 A と，質量 m の物体 B とが，なめらかな水平面上に接しておかれている．いま，水平方向に力 F を A に作用させると，A, B は一体となって動く．このとき，以下の設問に答えよ．ただし，重力加速度の大きさを g とする．

(1) 物体 A, B にはたらく力をすべて図示せよ．ただし，物体 B にはたらく A からの力を F_B，物体 A, B にはたらく垂直抗力をそれぞれ，N_A, N_B とする．

(2) 物体 A, B に対して，水平方向，鉛直方向に関する運動方程式をたてよ．

(3) 水平方向の加速度をもとめよ．

(4) F_B はいくらか．（M, m, F を用いて）

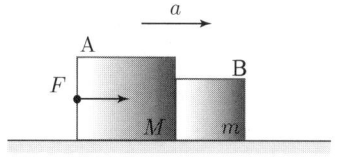

図 9.7

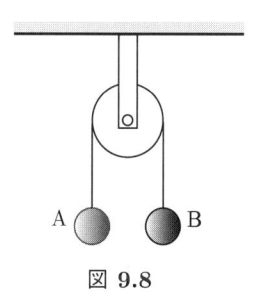

9.5 図 9.8 のように，軽い糸の両端に質量 m の物体 A と質量 M の物体 B をつけて軽い滑車に通してから静かにはなすと，それぞれの物体は加速度運動をはじめた．以下の問いに答えよ．ただし，$m < M$ とする．

図 9.8

(1) 物体にはたらく張力を T, 加速度を a として, それぞれの物体に対する運動方程式をたてよ. ただし, 加速度の方向は各物体が運動する方向を正と定める.
(2) (1) の運動方程式から, 張力 T と加速度 a を求めよ.

9.6 ばねばかりと質量 m [kg] の物体 A とがある. この物体 A を, 地上でこのばねばかりにつるすと m の目盛りを示す. このばねばかりと物体 A を月まで持っていったとしよう. そこで月の石 B をひろってこのばねばかりにつるしたところ, 同様に m の目盛りを示した. 次にこの月面上で, 図 9.9 のようになめらかな定滑車に, 質量の無視できる伸び縮みしない糸をかけ, 物体 A と月の石 B とをつるしたところ運動を始めた. 地球上での重力加速度の大きさを g, 月面上での重力加速度の大きさを g' $(g>g')$ とする.

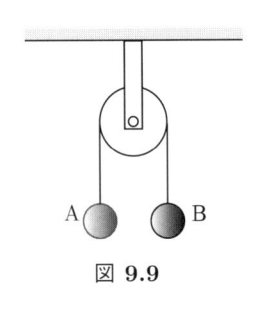

図 9.9

(1) 月の石 B の質量を M とすると, この M を m, g, g' をもちいて表せ.
(2) A と B の質量はどちらが大きいか.
(3) 加速度 a および張力 T を求めよ.

9.7 図 9.10 のように, 角度 θ だけ傾いている床に固定されたなめらかな台のうえにおいた質量 M の物体 A が, 軽い滑車を通した糸で質量 m のおもり B を結んではなしたら, おもり B は鉛直下向きに運動をはじめた. 以下の問いに答えよ. ただし, 重力加速度の大きさを g とする.

(1) 物体 A およびおもり B にはたらく力を図示せよ. ただし, AB 間にはたらく糸の張力の大きさを T とする.
(2) 物体 A に対する運動方程式をたてよ.
(3) 物体 B に対する運動方程式をたてよ.
(4) 加速度の大きさを求めよ.
(5) 張力 T を求めよ.

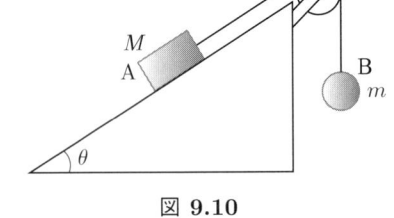

図 9.10

9.8 平板上に置かれた質量 m の物体がある. 平板と物体との間の動摩擦係数を μ', 重力加速度の大きさを g とする. 平板を水平にして, 物体を初速度 v_0 ですべらせた. このとき,

(1) 水平方向の加速度を求めよ.
(2) 物体はどれだけすべって止まるか.
(3) 物体が運動を始めてから止まるまでの時間を求めよ.

9.9 前問をふまえて, 平板を水平面を $30°$ になるように傾けて, 物体を斜面に沿って下方にすべらせる. この場合,

(1) 物体に沿った下向きの加速度はいくらか. また,
(2) (1) の場合において, 初速度 v_0 ですべらせたときは, 平板が水平の場合の 2 倍の距離をすべって止まった. このことから, 動摩擦係数 μ' の値を求めよ.

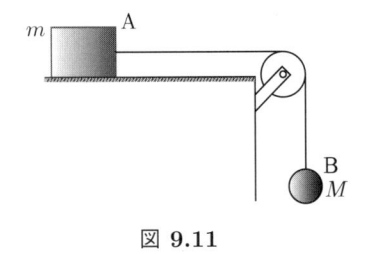

9.10 図 9.11 のように, 水平なあらい台 (静止摩擦係数 μ, 動摩擦係数 μ') の上に質量 m の物体 A を置き, 軽い糸をつけ水平に引き, 軽い滑車を通して, 糸の他端に質量 M の物体 B をつけつるして物体 A を手で押さえておく. 以下の問いに答えよ. 重力加速度の大きさを g とする.

図 9.11

(1) 手を静かにはなしたとき物体 B が下降するためには，m と M との間にどのような関係が成り立つ必要があるか．
(2) 物体 B が下降している場合に，物体 B および物体 A の加速度の大きさはいくらか．
(3) (2) のとき，各物体にはたらく張力はいくらか．

9.11 図 9.12 のように，質量 m の物体 A を質量 M の物体 B の上に置き，物体 B を大きさ F の力で右向き正の方向へ引いたところ，物体 A は物体 B に対して静止したまま，両者は共に加速度運動をした．ここで，物体 A と物体 B との間の静止摩擦係数を μ，床と物体 B との間の動摩擦係数を μ' とし，重力加速度の大きさを g とする．以下の問いに答えよ．

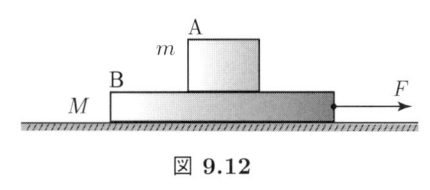

図 9.12

(1) 各物体にはたらく力を図示せよ．
(2) 加速度を a として，物体 A に対する運動方程式をかけ．ただし，物体 B から受ける静止摩擦力の大きさを f とする．
(3) (2) と同様に，物体 B に対する運動方程式をかけ．
(4) 加速度 a を m, M, F, μ' を用いて表せ．
(5) 物体 A が物体 B と共に動き得る最大の加速度 a_m を求めよ．

9.12 図 9.13 のように，ばね定数 k のばねが取り付けられた質量 m の物体がなめらかな円板上におかれている．ばねの他端は円板中心にある回転軸に固定されている．円板を一定の角速度 ω で回転させたところ，ばねの伸びが r となったところで，物体は円板上で静止して円板とともに回転した．

(1) 物体にはたらく力の大きさと向きを答えよ．
(2) 向心加速度を a として物体の運動方程式をたてよ．
(3) 角速度 ω および周期 T を求めよ．

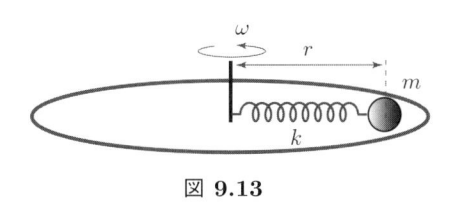

図 9.13

9.13 図 9.14 のように，質量 m の物体にばね定数 k_1 のばねとばね定数 k_2 のばねを取り付け，それぞれの他端を壁に固定した．図の点 O はそれぞれのばねが自然長となる位置である．物体を正の向きに x だけ移動させ静かにはなしたところ，物体は点 O の周りで単振動運動をはじめた．このとき，

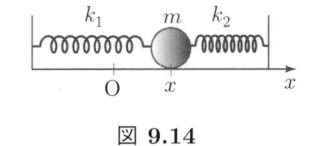

図 9.14

(1) 物体にはたらく力を図示せよ．
(2) 加速度を a として，運動方程式をたてよ．
(3) 単振動運動の周期 T を求めよ．

9.14 図 9.15 のように，質量の無視できる長さ l の軽い糸に質量 m の物体をつけ，糸の他端を天井に固定する．糸がたるまないように，鉛直下向きから角度 θ だけ物体を傾けて静かにはなすと，物体は周期的な運動をした．この運動を**単振り子運動**とよぶ．この周期 T を求めよう．重力加

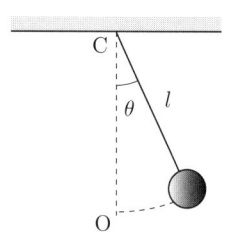

図 9.15

速度の大きさを g として，以下の設問に答えよ．

(1) 角度が θ のとき，物体にはたらいている力を図示せよ．
(2) 重力を糸が張っている方向とそれに垂直な方向に分解せよ．
(3) 円弧に沿って x 軸を設定し，θ が増加する向きを正の向きとする．角度が θ のとき，物体の位置 x を l と θ を用いて表せ．
(4) 円弧の接線方向の加速度を a としたとき，物体がしたがう運動方程式をたてよ．
(5) θ が十分小さいとき，$\sin\theta \simeq \theta$ と見なせる．このとき，前問の運動方程式は物体の位置 x をもちいて表すとどのようになるか．
(6) 前問の運動方程式の形から，単振り子の周期を求めよ．

10 仕　　事

10.1　仕　　事

　この章では力学における**仕事**について学ぶ．これは，後で習う**エネルギー**と密接に関係している．仕事という言葉は日常生活でも多く用いられているが，物理学で用いる仕事とは異なるので，その違いに注意しよう．

仕事の定義

　図 10.1(a) のように，物体に一定の力 F が加えられており，この力の方向に沿って物体が距離 s だけ移動したとき，この間に力 F が (物体に対して) する仕事 W を

$$W = Fs \tag{10.1}$$

と定義する[1]．このように，仕事の定義自体は非常に簡単であるが，何が何に対してした仕事なのかをはっきりさせておこう．仕事の単位は，上式の右辺より，N·m = kg·m/s^2·m = kg·m^2/s^2 となるが，これを J (ジュール) で表す．したがって，

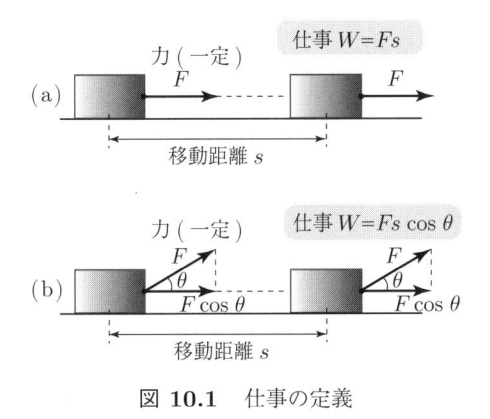

図 10.1　仕事の定義

---
[1] 物体にはたらいている力が，物体が移動する要因になる必要はない．

$$1\,\mathrm{J} = 1\,\mathrm{N}\cdot 1\,\mathrm{m} = 1\,\mathrm{kg\cdot m^2/s^2}. \tag{10.2}$$

の関係にある．

斜めの力に対する仕事の定義

図 10.1(b) のように，物体にはたらいている力の方向と物体の移動する方向が角 θ をなすとき，力 F が (物体に対して) する仕事は，物体の移動方向成分の力 $F\cos\theta$ だけが寄与し，

$$W = Fs\cos\theta \tag{10.3}$$

で与えられる．このことから，$\theta = 90°$ のとき $\cos 90° = 0$ より，物体の移動方向に対して垂直な力のする仕事は常にゼロである．例えば，床の上にある物には垂直抗力がはたらくが，この垂直抗力がする仕事は常にゼロである ($W = 0$)．また，$90° < \theta \leq 180°$ のときは，$\cos\theta < 0$ より，力 F がする仕事は負となる ($W < 0$)．例えば，動摩擦力がする仕事は常に負である．

F-x グラフ

力 F と物体の位置 x の関係を表すグラフを F-x グラフとよぶ．図 (10.1)(a) のように物体に一定の力 F がはたらいていたとすると，F-x グラフは図 10.2 のように位置 x には関係せず一定となる．すなわち，力 F を位置 x の関数としてみたとき，$F = F(x)$ は一定である。ここで，物体が s だけ移動するときに力 F がする仕事は $W = Fs$ で与えられるが，これは，F-x グラフの面積に対応している．この考え方は，例えば，ばねの弾性力のように，ばねの伸び (位置) によって力が変化する場合でも有効である．

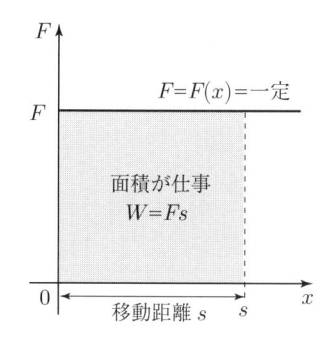

図 **10.2** F-x グラフ

10.2 重力のする仕事

一定の力の例で重要なのは重力である．ここでは，重力のする仕事 (重力が物体に対してする仕事) を考えよう．これは後で**位置エネルギー**や**エネルギー保存則**を理解する上でも大切である．

図のように x-y 座標軸を設定し，y 軸正の向きを鉛直上向きとする．質量 m の物体が高さ $y = h$ の位置から地面 ($y = 0$) の位置まで移動するとき，その間に重力 $F = mg$ のする仕事は，移動方向と力の方向が同じであるから，

$$W = Fh = mgh > 0 \tag{10.4}$$

と正となる (10.3(a))．次に，図 10.3(b) の場合を考えよう．物体を地面 ($y = 0$) の位置から高さ $y = h$ の位置まで移動させるとき，重力のする仕事は，移動方向と力の方向が互い

10.2 重力のする仕事

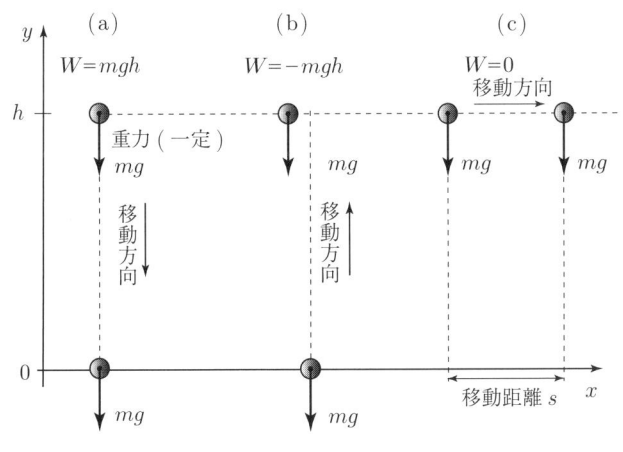

図 10.3 重力のする仕事

に逆であるから
$$\Delta W = Fh\cos(180°) = -mgh \tag{10.5}$$
となり，今度は負となる．最後に 10.3(c) のように，物体を水平方向 (x 軸) に移動させたらどうなるであろうか．この場合は，重力の方向と移動する方向が常に垂直であるから，重力のする仕事はゼロである ($W = Fh\cos(90°) = 0$)．したがって，物体を重力の方向に対して斜めに移動させたとき，重力がした仕事は最初の位置と最後の位置の高低差だけに依存する (次の例題参照)．

[例] 図のように，水平面と角度 θ をなすあらい斜面上で，質量 m の物体が移動距離 s だけすべり下りた．重力加速度の大きさを g，動摩擦係数を μ' とする．このとき，
(1) 重力のした仕事 W_1
(2) 垂直抗力のした仕事 W_2
(3) 動摩擦力のした仕事 W_3
をそれぞれ求めよ．

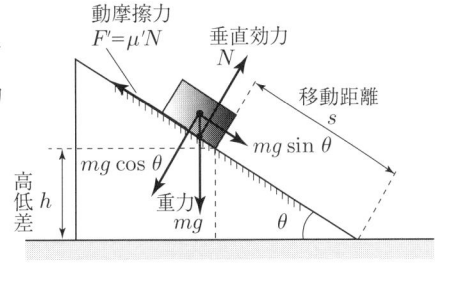

図 10.4

[例解] (1) 斜面に沿った方向とそれに垂直な方向で問題を考えるために，重力を斜面方向成分と斜面垂直成分に分解する．図 10.4 より，斜面方向成分の力 $mg\sin\theta$ が仕事に寄与するから，$W_1 = mgs\sin\theta$．
(2) 垂直抗力は斜面に対して常に垂直だから，$W_2 = 0$．
(3) 動摩擦力 F' は移動方向と常に反対向きだから，$W_3 = -F's = -\mu'Ns$ である．ここで，N は垂直抗力であるが，図より，$N = mg\cos\theta$ なので，$W_3 = -\mu'mgs\cos\theta$ となる．

(1) の答えにおいて，重力がした仕事は $W_1 = mgs\sin\theta$ となるが，これは床から測った物体の高さ $h = s\sin\theta$ をもちいて，$W_1 = mgh$ となる．つまり，重力がした仕事は重力×高低差であって，物体が斜面を滑ろうが，落下しようがその道すじには関係がなく，最初と最後の位置の高低差だけで決まる．このような力を一般に**保存力**という．

(3) において，動摩擦力のする仕事は負となった．動摩擦力は物体の移動する方向に抗してはたらく力であるから，必ず負となる．また，このような力は物体が移動する経路に依存し，**非保存力**とよばれる．

10.3 力が位置に依存するときの仕事

ここでは，ばねを引く力のする仕事を例に，力が位置に依存するときの仕事を考える．この場合，力の値が場所によって異なるので，力がした仕事は，単純に「力×移動距離」とはならないことに注意しよう．

図 10.5 のように，ばねの左端を壁に固定して右端をゆっくりと引っ張り，ばねを自然長 ($x=0$) から $x=s$ の位置まで伸ばす．このとき，**ばねを引く力 F がする仕事**を考える．ばねの右端が位置 x にあるとき，ばねには**弾性力** kx が左向き (負の向き) にはたらく．この弾性力に**逆らって**ばねをさらに正の向きへ伸ばすためには，少なくとも，$F=kx$ より大きい力で引っ張る必要がある．しかしながら，今，加速度が生じないように「ゆっくり」と引っ張るので，その力の大きさはほとんど $F=kx$ としてよい．したがって，ばねを自然長から s まで伸ばすとき，ばねを引く力 F とばねの右端の位置 x との関係を表す F-x グラフは，図 10.5 のようにばねの伸びに比例して変化する．

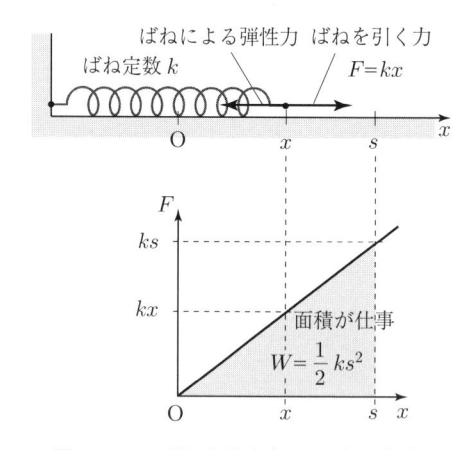

図 10.5 ばねを引く力 F のする仕事．

このグラフと $x=0$ から $x=s$ までを囲む面積が，ばねを引く力のする仕事を表すので，これを W とすると，

$$W = \frac{1}{2}ks^2 \tag{10.6}$$

となる．力の方向とばねの移動方向が同じなので，得られた仕事はもちろん正である．同様に，ばねを自然長から s だけ縮めるには，ばねを押す力 (x 軸負の方向) が必要になるが，ばねが移動する方向も負の方向であるので，ばねを押す力がする仕事は正であり，$W = \frac{1}{2}ks^2$ で与えられる．

[例] ばね定数 $k = 10$ N/m のばねがある．このばねを自然長から 0.20 m だけ伸ばすのに必要な力のする仕事は何 J か．また，この状態からさらにばねを 0.40 m だけ伸ばすのに必要な力は何 J か．

[例解] 式 (10.6) より，力のする仕事 W_A は $W_A = (1/2) \times 10 \times (0.20)^2 = 5 \times 4 \times 10^{-2} = 2.0$ J である．一方，ばねを自然長から 0.40 m だけ伸ばすのに，$W_B = (1/2) \times 10 \times (0.40)^2 = 5 \times 16 \times 10^{-2} = 8.0$ J だけの仕事が必要であるから，求める仕事 W_{AB} は $W_{AB} = W_B - W_A = 8.0 - 2.0 = 6.0$ J である．

10.4 仕事率

毎秒どれだけずつ仕事をするかという割合 (率)，つまり，単位時間あたりにする仕事を**仕事率**とよび，その単位は W (ワット) をもちいる．すなわち，

$$1 \text{ W} = 1 \text{ J/s} = 1 \text{ N} \cdot \text{m/s} = 1 \text{ kg} \cdot \text{m}^2/\text{s}^3 \tag{10.7}$$

である．この量が大きい機械や電化製品などはそれだけ仕事をする性能が高いといえる[2]．仕事量の単位の W (ワット) と 仕事の式 $W = Fs$ の W を混同しないようにしよう[3]．

例えば，物体に一定の大きさの力 F を t 秒間あたえ，距離 s 移動したとすると，この間の仕事率 P は

$$P = \frac{W}{t} = \frac{Fs}{t} = Fv \tag{10.8}$$

となる．ここで，$v = s/t$ は物体の速さである．

[例] (1) 10 J の仕事を 5 秒間する機械の仕事率は $10/5 = 2.0$ W である．

(2) 100 W のモーターが 2 分間した仕事は，$100 \times 60 = 12000 = 1.2 \times 10^4$ J である．

■■■ 演習問題 ■■■

10.1 図 10.6 のように，あらい水平面上で物体を水平方向からはかって角度 $\theta = 30°$ の方向に力 $F = 20$ N を加え続けたら，物体は一定の速度で移動し，$d = 4.0$ m 移動するのに $t = 4.0$ s かかった．このとき，

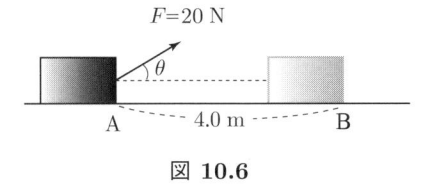

図 10.6

---

[2] もちろん，その分消費するエネルギー (電力) は大きくなる．これから科学者や技術者がなすべきことは，できるだけ消費するエネルギーを減らし，いかに仕事量を増やすかである．もちろん後で習う**エネルギー保存則**は成り立っているので，消費するエネルギー以上の仕事は取り出せない．上記の意味は，無駄に捨てているエネルギー (うまく仕事に変えられていないエネルギー) をいかに減らすかという意味である．

[3] 前者はローマ字体，後者はイタリック体である．

(1) 力 F のした仕事 W はいくらか.

(2) 同様に，仕事率 P はいくらか.

10.2 床にある質量 $m=2.0$ kg の物体を，重力に逆らって一定の力 F で高さ $h=1.5$ m まで持ち上げた．このとき，

(1) 力 F はいくらか．ただし，重力加速度の大きさを $g=9.8$ m/s^2 とする．

(2) 力 F がした仕事と重力がした仕事を求めよ．

10.3 質量 500 kg のエレベーターが 1 階から 4 階までの高さ $h=20$ m を 5 秒で上るのに必要な仕事 W と仕事率 P はいくらか．

10.4 ばね定数 $k=600$ N/m のばねがある．

(1) 自然長から，0.40 m 伸ばすのに必要な外部からの仕事はいくらか．

(2) このばねをさらに伸ばして伸びを 0.50 m にするには，外部からどれだけの仕事を追加する必要があるか．

(3) ばねが自然長から 0.50 m の伸びている状態から，自然長の状態へ戻るとき，ばねの弾性力がする仕事はいくらか．

10.5 図 10.7 に示すように，水平面と $\theta=30°$ をなすなめらかな斜面 AC にそって，質量 $m=20$ kg の物体を一定の速さでゆっくりと (加速度が生じないように) 引き上げる．重力加速度の大きさを $g=9.8$ m/s^2 として，以下の問いに答えよ．

(1) 物体を引き上げるのに必要な力 F_A はいくらか．

(2) 距離 AC $(=l_A)$ はいくらか．

(3) 物体が A から C まで引き上げられるときに，力 F_A のする仕事は何 J か．

(4) 引き上げるのに 80 秒かかったとすれば，力 F_A のした仕事率は何 W か．

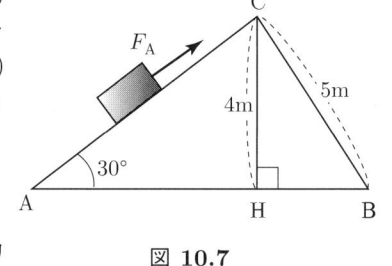

(5) 斜面 B→C に沿ってこの物体を引き上げるのに必要な力の大きさ F_B は何 N か．

(6) このとき，物体が B から C まで引き上げられるときに，力 F_B のする仕事を計算せよ．

(7) 最後に，物体が地面から C の高さまで垂直に引き上げられるときに必要な仕事はいくらか．

10.6 距離 s ごとに 1 リットルの割合でガソリンを消費しつつ，一定の速さ v で走行している自動車がある．ガソリンの燃焼によって発生する熱量は 1 リットルあたり，仕事に換算して Q で，その内 k %がエンジンによって走行のための仕事に変わる．このとき，

(1) 自動車の走行に要する力 F はいくらか．注) 1% = 1/100

(2) このときエンジンの仕事率は何 W か．

11
仕事とエネルギー

11.1 仕事と運動エネルギー

この節では**仕事**と**エネルギー**の関係について述べる．エネルギーとは仕事に変換することのできる物理量であり，物体が運動しているときにもつ**運動エネルギー**と物体の位置によって潜在的にもつ**位置エネルギー**とがある．エネルギーという概念は物理学(力学)で一番大切な概念であるので，ここでしっかりと学ぼう．

まずは，等加速度運動を例に運動エネルギーを定義し，次に，位置エネルギーを考える．

等加速度運動の場合

図 11.1 のように距離 $s(=x_B-x_A)$ だけ離れた AB 間で，物体が一定の加速度 $a>0$ で運動をして，速度が v_A から v_B に変化したとすると，式 (3.11) の等加速度運動における速度と変位の関係式より，

$$v_B^2 - v_A^2 = 2a(x_B - x_A) = 2as \tag{11.1}$$

という関係式が成り立つ．この式の両辺に質量 m をかけて 2 で割ってみよう．すると，

$$\frac{m}{2}v_B^2 - \frac{m}{2}v_A^2 = mas$$

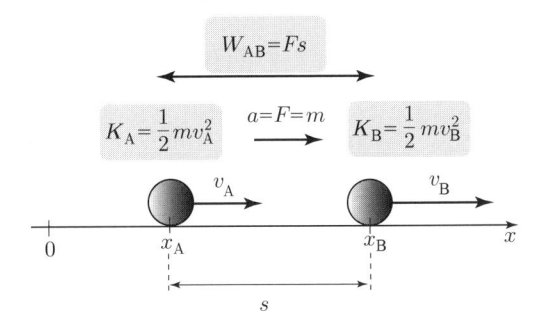

図 **11.1** 力がした仕事と運動エネルギーの関係

となるが，右辺の ma は運動方程式より，この物体にはたらいている力であるから，これを F とすると，

$$\frac{m}{2}v_B^2 - \frac{m}{2}v_A^2 = Fs \tag{11.2}$$

となる．この式の意味を考えてみよう．まず，右辺は物体が A から B まで移動するとき，力 F がする仕事である．これを，$W_{AB} = Fs$ と書こう．一方，左辺はある値の**変化量**である．したがって，上の式は力 F が物体に対して仕事をした結果，物体が速度 v で運動しているときにもっている $\frac{1}{2}mv^2$ という量が変化したと考えられる．そこで，この $\frac{1}{2}mv^2$ という量を，質量 m の物体が速度 v で運動しているときの**運動エネルギー**

$$K = \frac{m}{2}v^2 \tag{11.3}$$

と定義する．これから，各速度に対して，$K_A = \frac{m}{2}v_A^2$，$K_B = \frac{m}{2}v_B^2$ とすると，式 (11.2) は

$$K_B - K_A = W_{AB} \tag{11.4}$$

と非常に簡単な式でかける．これは，**運動エネルギーの変化量 (左辺) は，外部からの力によって物体になされた仕事 (右辺) と等価である** ともいえる．今，$W_{AB} > 0$ であるから $K_B - K_A > 0$ となり，運動中，物体の運動エネルギーは増加する．つまり，正の仕事が物体の運動エネルギーに変換されたことになる．

同様に，$W_{AB} < 0$ のとき，$K_B - K_A < 0$ であるから，物体が外部へ仕事をすることによってその分運動エネルギーが減少する．つまり，運動エネルギーとは外へ仕事をする能力があることを示す．このように，仕事とエネルギーの等価性を**エネルギーの原理**という．今の場合，等加速度運動を例にしたが，このエネルギーの原理は物体の運動がどのようなものであっても成り立つ普遍的なものである[1]．

> [例] 質量 $m = 2$ kg の物体が速度 $v_0 = 2$ m/s から $v = 4$ m/s へ変化した．この間に物体になされた仕事 W を求めよ．

[例解] 物体の運動エネルギーはそれぞれ，$K_0 = \frac{1}{2}mv_0^2 = 4$ J，$K = \frac{1}{2}mv^2 = 16$ J であるから，物体になされた仕事は，運動エネルギーの変化量と仕事の関係より，$W = K - K_0 = 12$ J である．この運動エネルギーの単位はもちろん仕事と同じで J (ジュール) である．

運動エネルギーと重力がした仕事の関係

ここでは，自由落下運動を例に，運動エネルギーと仕事の関係を考えてみよう．図 11.2 のように，質量 m の物体が初速度 0 で高さ h の位置 A $(y_A = h)$ から落下し，地面 B $(y_B = 0)$ に達する直前の速度 v_B を求めよう．まず，運動エネルギーの変化量は

$$K_B - K_A = \frac{m}{2}v_B^2 - \frac{m}{2}v_A^2 = \frac{m}{2}v_B^2 \tag{11.5}$$

---
[1] 一般的な証明は付録を参照のこと．

11.1 仕事と運動エネルギー

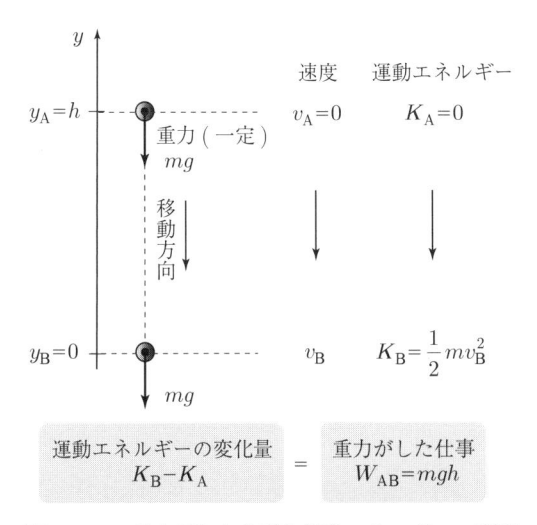

図 11.2 重力がした仕事と運動エネルギーの関係

である ($v_A = 0$). 一方, 物体には重力 ($F = mg$) が鉛直下向きにはたらいており, この間に重力が物体に対してした仕事は, 物体の移動方向と重力の方向が等しいから,

$$W_{AB} = Fh = mgh > 0 \tag{11.6}$$

である. したがって, $K_B - K_A = W_{AB}$ から,

$$\frac{m}{2}v_B^2 = mgh \tag{11.7}$$

となる. これから,

$$v_B = -\sqrt{2gh} \tag{11.8}$$

が得られる (鉛直下向きが負). この結果は等加速度運動の式から求めたものと一致する (自ら確かめてみよう). このように, 重力が物体に正の仕事をすることによって, 物体の運動エネルギーが増加したのである.

運動エネルギーとばねによる弾性力がした仕事の関係

ここでは, ばねによる弾性力がした仕事と運動エネルギーの関係を考えてみよう.

[例] 図のように, 自然長から長さ s だけ縮められたばね定数 k のばねの右端に質量 m の物体をおき, 静かにはなした. 物体はばねによる弾性力によって力を受けながら, なめらかな面上で運動を始めた. ばねが自然長になった瞬間, 物体の速さ $|v|$ はいくらになるか.

[例解] 物体の運動エネルギーの変化量は $\frac{1}{2}mv^2 - 0 = \frac{1}{2}mv^2$ である. 一方, 物体はばねによる弾性力を受けるが, この力の向きは, 物体が移動する向きと同じである. したがって, ばねによる弾性力がする仕事 W は正であり, $W = \frac{1}{2}ks^2$ である. 運動エネルギーの変化量と仕事の関係により, これらが等しいから,

$$\frac{1}{2}mv^2 = \frac{1}{2}ks^2 \quad \rightarrow \quad |v| = \sqrt{\frac{ks^2}{m}} = s\sqrt{\frac{k}{m}} \tag{11.9}$$

となる．

動摩擦力のする仕事

ここでは，運動エネルギーと動摩擦力のする仕事の関係について考えよう．

図 11.3 のように，速度 v_A で A 点を通過した質量 m の物体が，あらい面上を距離 s だけすべり，点 B で静止した ($v_B = 0$)．このとき，運動エネルギーの変化量は

$$K_B - K_A = -\frac{1}{2}mv_A^2 < 0 \tag{11.10}$$

で負となるので外力がした仕事は負となる．この外力は，今の場合，動摩擦力である．この大きさを F' とすると，AB 間で動摩擦力がした仕事 W_{AB} は

$$W_{AB} = -F's < 0 \tag{11.11}$$

で与えられる．また，動摩擦力大きさは動摩擦係数を μ' とすると，$F' = \mu' N = \mu' mg$ で与えられる．したがって，運動エネルギーの変化量と仕事の関係，$K_B - K_A = W_{AB}$ から，

$$-\frac{m}{2}v_A^2 = -\mu' mgs \quad \rightarrow \quad \mu' = \frac{v_A^2}{2gs} \tag{11.12}$$

が得られ，動摩擦係数が右辺の量を測定することにより求めることができる．

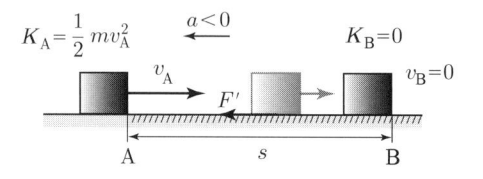

図 11.3 動摩擦力のする仕事

11.2 仕事と位置エネルギー

前節では，物体のもつ運動エネルギーと仕事の関係を学んだ．ここでは，物体のもつもう一つのエネルギーである**位置エネルギー**について学ぶ．このエネルギーは物体が運動していなくても，その位置によって決まるエネルギーであり，これもまた，仕事と密接に関係している．

重力による位置エネルギー

物体を高い位置から静かにはなすと，物体は重力により自由落下運動をおこなう．この性質をうまく利用して，物体は**外に仕事をする**ことができる[2]．また，物体がより高い位置

---

[2] 例えば，水を高いところから放水し羽根車を回して発電することなど．

11.2 仕事と位置エネルギー

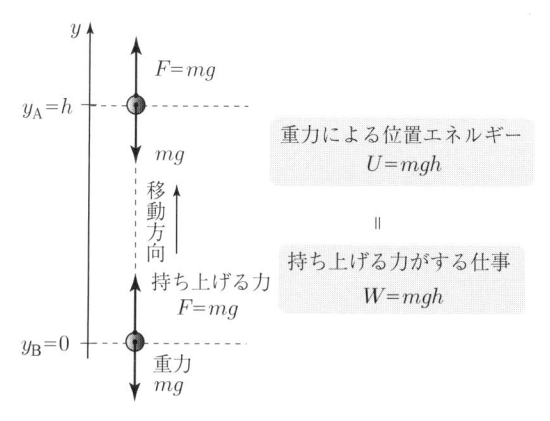

図 11.4 重力による位置エネルギー.

にあれば，より多くの仕事をすることができる．このように，物体の位置によって，外へする仕事が変化するということは，その背後には，物体は仕事に変換できる何かしらのエネルギーを蓄えているとみなすことができる．このエネルギーのことを**位置エネルギー**とよぶ．以下，物体のもつ重力による位置エネルギーについて考えよう．

図 11.4 のように，質量 m の物体が高さ $y = h$ および地面 $y = 0$ の位置にある場合，より高い位置にある方が位置エネルギーを蓄えているはずであるが，この位置エネルギーを蓄えるためには，物体に外から仕事をして持ち上げなくてはならない．つまり，物体にはたらく重力に逆らって，$y = 0$ の位置から $y = h$ の位置まで物体を持ち上げるのに必要な仕事が，物体に蓄えられる位置エネルギーに等しい．この仕事を W とすると，

$$W = mg(h - 0) = mgh > 0 \tag{11.13}$$

と正の仕事となり，これはこの間物体が落下するときの重力がする仕事に等しい．このようにより高い位置にある物体は，重力がする仕事と同等のエネルギーを蓄えているとみなすことができる．このエネルギーを**重力による位置エネルギー**とよび，

$$U = mgh \tag{11.14}$$

と表す．したがって，物体がより高い位置にある方が重力による位置エネルギーが大きく，それだけ仕事を (外に) する能力を持っている．

[例] 質量 $m = 1$ kg の物体を地面から高さ $h = 3$ m の位置まで持ち上げたとき，物体に蓄えられている重力による位置エネルギー U を求めよ．ただし，重力加速度の大きさを $g = 9.8$ kgm/s^2 とする．

[例解] $U = mgh = 1 \times 9.8 \times 3 = 29.4$ J．重力による位置エネルギーの単位も J(ジュール) である．

位置の関数としての重力による位置エネルギー

重力がする仕事と重力による位置エネルギーの関係についてもう少し一般的にまとめておこう．図 11.5 のように，質量 m の物体が $y = y_A$ の位置から $y = y_B$ の位置まで移動し

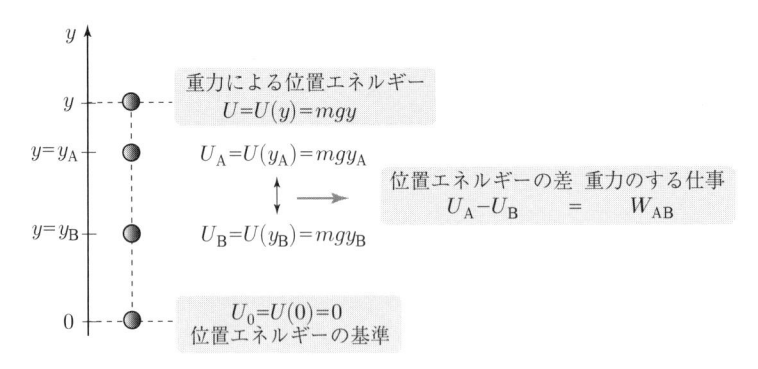

図 11.5 弾性力による位置エネルギー

たときに重力のする仕事 W_{AB} は

$$W_{AB} = mg(y_A - y_B) \tag{11.15}$$

である．一方，物体が $y = y_A$ および $y = y_B$ の位置における重力による位置エネルギーをそれぞれ U_A，U_B とすると，

$$W_{AB} = U_A - U_B \tag{11.16}$$

の関係が成り立つので，両者を比べると，

$$U_A = mgy_A, \quad U_B = mgy_B \tag{11.17}$$

とすればよいことが分かる．これから，**位置エネルギーの基準** (位置エネルギーの値がゼロ) を $y = 0$ の位置にとると，任意の位置 y における重力による位置エネルギーは，位置 y の関数として，

$$U = U(y) = mgy \tag{11.18}$$

と表すことができる．したがって，各位置における位置エネルギーは位置の関数の値として，$U_A = U(y_A) = mgy_A$，$U_B = U(y_B) = mgy_B$，$U_0 = U(0) = 0$ などのように表すことができる．

ばねによる位置エネルギー (弾性エネルギー)

伸びている (縮んでいる) ばねを静かにはなすと，弾性力により，ばねはもとの状態に戻ろうとする．この弾性力も，重力の場合と同様に，外に仕事をすることができる．また，ばねがより伸びて (縮んで) いれば，より多くの仕事をすることができる．このように，伸びた (縮んだ) ばねは仕事に変換できる何かしらのエネルギーを蓄えることができる．このエネルギーを**弾性力による位置エネルギー**とよぶ．以下，具体的に考えてみよう．

ばね定数が k のばねを自然長 ($x = 0$) から $x = s$ だけ伸ばすのに必要な外からの仕事 W (ばねを引張る力がした仕事) は前章で解説したように，

$$W = \frac{1}{2}ks^2 > 0 \tag{11.19}$$

11.2 仕事と位置エネルギー

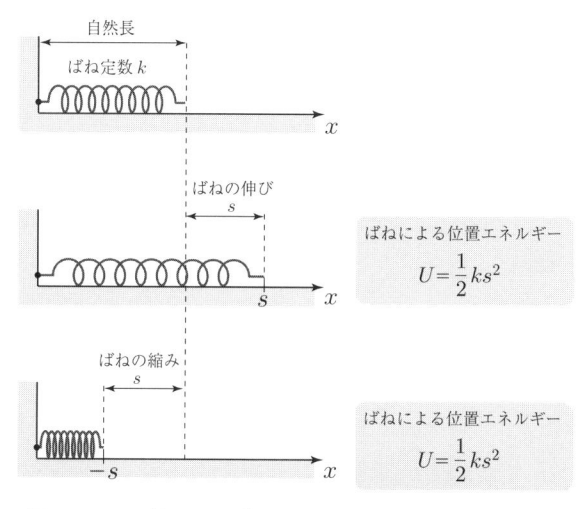

図 11.6　ばねによる位置エネルギー (弾性エネルギー)

であった．ばねが伸びている状態はこの分だけ外へ仕事をする能力を蓄えている．これを弾性力に位置エネルギーと定義し，

$$U = \frac{1}{2}ks^2 \tag{11.20}$$

と表す．したがって，より伸びているばねは，ばねによる弾性エネルギーをより蓄えており，それだけ仕事をする能力をもっている．同様にばねが縮んでいるときも同様のエネルギーを蓄えている[3]．

[例]　ばね定数 $k = 2$ N/m のばねを静かに自然長から $s = 0.4$ m まで伸ばした。このとき，ばねに蓄えられている位置エネルギー (弾性エネルギー) を求めよ．

[例解]　$U = \frac{1}{2}ks^2 = \frac{1}{2} \times 2 \times (0.4)^2 = 0.16$ J

位置の関数としての弾性力による位置エネルギー

図 11.7 のように，ばねが $x = x_A$ の位置から $x = x_B$ の位置まで移動したときの弾性力がした仕事 W_{AB} は

$$W_{AB} = \frac{1}{2}kx_A^2 - \frac{1}{2}kx_B^2 \tag{11.21}$$

で与えらえる．一方，ばねが $x = x_A$ および $x = x_B$ の位置にあるときのばねによる位置エネルギーをそれぞれ U_A, U_B とすると，

$$W_{AB} = U_A - U_B \tag{11.22}$$

の関係が成り立つので，両者を比べると，

---

[3]　ばねの右端の位置は $x = -s$ と負になるが，弾性力による位置エネルギーはばねの縮みの 2 乗に比例するので必ず正となる．もちろん，ばねを縮めるのに必要な仕事も正である．

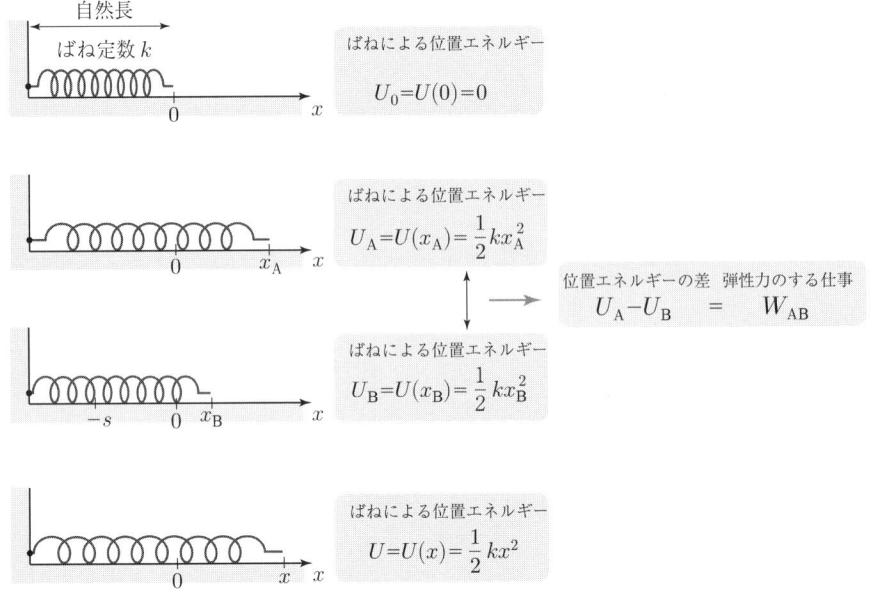

図 11.7 弾性力による位置エネルギー

$$U_A = \frac{1}{2}kx_A^2, \quad U_B = \frac{1}{2}kx_B^2 \tag{11.23}$$

とすればよいことが分かる．これから，位置エネルギーの基準 (値がゼロ) をばねが自然長の $x = 0$ の位置にとると，任意の位置 (変位) x におけるばねによる位置エネルギーは，位置 x の関数として，

$$U = U(x) = \frac{1}{2}kx^2 \tag{11.24}$$

と表すことができる．したがって，各位置における位置エネルギーは位置の関数の値として，$U_A = U(x_A) = \frac{1}{2}kx_A^2$, $U_B = U(x_B) = \frac{1}{2}kx_B^2$, $U_0 = U(0) = 0$ などのように表すことができる．

保存力と非保存力

重力や弾性力などのように，力のした仕事 W_{AB} が始点 A の位置エネルギー U_A と終点 B の位置エネルギー U_B の差 ($W_{AB} = U_A - U_B$) で与えられるとき，このような力を**保存力**という．保存力は，エネルギーを位置エネルギーという形で蓄えていることができる．例えば，物体を持ち上げるためには，外から力を加えて物体に対して仕事をする必要がある．このとき，外力による仕事によって物体に与えられたエネルギーは，位置エネルギーという形で蓄えられる．物体が落下する過程で，この位置エネルギーは重力による仕事になり，エネルギーの原理（仕事とエネルギーの関係）を通じて，運動エネルギーに変換される．

一方，摩擦力や (空気抵抗などの) 抵抗力のする仕事は始点と終点が同じであっても途中

演習問題 79

の経路に依存してしまい，仕事は一般に異なる．そのため，保存力のように，摩擦力などがした仕事を位置エネルギーとして物体に蓄えることはできない．このような力を**非保存力**とよぶ．

■■ 演習問題 ■■

11.1 図 11.8 のように，水平面上を右向きに速さ 4.0 m/s で運動している質量 8.0 kg の物体に，右向きで水平と 60° をなす方向に，6.0 N の力を加え続けた．物体が距離にして 12 m 移動する間，この力を加えていたとして，次の問いに答えよ．

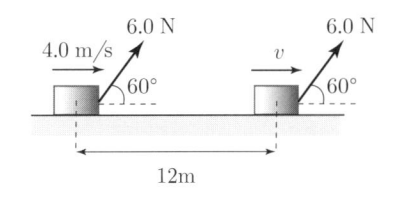

図 11.8

(1) 物体がはじめ持っていた運動エネルギー K_0 はいくらか．
(2) 物体が 12 m 移動する間に，物体に加えた力のした仕事 W はいくらか．(加えた力の向きと物体が移動した方向に気をつけること)
(3) 12 m 移動した後の物体の持つ運動エネルギー K はいくらか．
(4) 12 m 移動した後の物体の速さ v はいくらか．

11.2 なめらかな水平面上を質量 2.0 kg の物体が速度 $v_0 = 4.0$ m/s で等速度運動をしている．このとき，

(1) 物体の運動エネルギーはいくらか．
(2) 物体の運動方向に平行に外から力を加え続けたところ，物体の速度は $v = 8.0$ m/s に変化した．このとき，力がした仕事 (物体になされた仕事) はいくらか．
(3) 物体が速度 $v = 8.0$ m/s であらい面上に入ったところで力を加えるのを止めたところ，物体は距離 5.0 m だけ進んで停止した．このとき動摩擦係数 μ' はいくらか．ただし，重力加速度 $g = 9.8$ m/s^2 とする．

11.3 図 11.9 のように，あらい水平面上で質量 m の物体を水平と θ をなす方向からある一定の力 F で押し続けたら，物体は速度 v で運動を続けた．物体が P 点に達したとき，この力を急に除くと，物体は点 P から l 先の点 Q まで進んで静止した．重力加速度の大きさを g として，次の設問に答えよ．ただし，答えは m, v, l, g, θ だけを用いて表すこと．

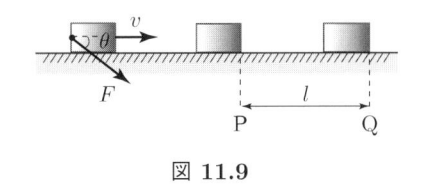

図 11.9

(1) PQ 間で，物体と面との間の動摩擦力がした仕事 W はいくらか．
(2) PQ 間で，物体と面との間の動摩擦力の大きさ f' はいくらか．
(3) 動摩擦力係数 μ' はいくらか．
(4) 物体が P 点に達する前に加えられた力の大きさ F はいくらか．(ヒント：力を加えているにもかかわらず，物体は等速度運動をしているので，水平方向の力はつりあっている．このとき、動摩擦力は垂直抗力に比例するが，力が斜め方向にはたらいているので、力の鉛直方向成分も垂直抗力に関係してくることに注意)
(5) 力 F の仕事率はいくらか．

11.4 質量 $m = 0.50$ kg の物体を，地上 $h = 10$ m の高さから自由落下させた．このとき，次の問いに答えよ．ただし，重力加速度の大きさを $g = 9.8$ m/s^2 とし，位置エネルギーの基準を地面

の位置とする．

(1) 物体が h の高さにあるとき，物体が蓄えている位置エネルギーを求めよ．
(2) 物体が h の高さから地面に達するまでに重力のする仕事を求めよ．
(3) 地面に達したときの物体の運動エネルギーを求めよ．
(4) 地面に達したときの物体の速さを求めよ．

11.5 ばね定数 $k=100$ N/m のばねの一端を固定し，他端に質量 $m=1.0$ kg の物体をつけて，なめらかな水平面上に置く．以下の問いに答えよ．

(1) 物体を引いてばねを自然長から $s=0.10$ m 伸ばしたとき，弾性力に逆らってばねを引いた力がした仕事を求めよ．
(2) このとき，物体に蓄えられたばねによる位置エネルギーを求めよ．
(3) 物体を静かにはなすとばねが縮んで動き出した．ばねが自然長になったときの物体の速さを求めよ．

11.6 図 11.10 のように，質量 m の物体がなめらかな面上を速度 v で運動している．物体は自然長の状態にあるばね定数 k のばねに衝突し，一体となってばねを押し縮める．物体の速度がゼロとなった瞬間，ばねの縮み s を求めよ．

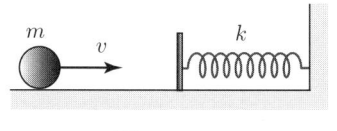

図 11.10

11.7 図 11.11 のように，ばね定数 k のばねの上端を天井に取り付け，下端に質量 m の物体をつけ，動かないようにそっとはなした．このとき，

(1) 自然長からのばねの伸び y_0 を求めよ．ただし，重力加速度の大きさを g とする．
(2) (1) の状態から，物体を下方へ引っ張り，s だけ伸ばしたとき，物体が蓄えている位置エネルギーを求めよ．ただし，物体の重力による位置エネルギーの基準を (1) の位置とする．
(3) (2) の状態から，物体を静かにはなすと物体はばねによる弾性力により，上方へ引っ張られる．このとき，物体はどの高さまで上昇することができるか．

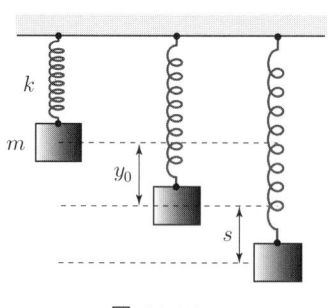

図 11.11

12
力学的エネルギー保存則

12.1 力学的エネルギー保存則

図 12.1 のようなでこぼこの坂を滑り降りたり上ったりする物体の運動を，運動方程式を解くことによって調べようとしても，おそらく方程式は解けないであろう．つまり，時間の関数として位置，速度，加速度を求めることは非常に

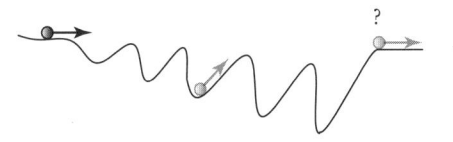

図 12.1 力学的エネルギー保存

困難である．しかしながら，これから説明する**力学的エネルギー保存則**を考慮すると，運動方程式をわざわざ解かなくても，例えば，ある位置での速度や物体がどこまで到達できるかなどについては，簡単に答えることができる．この法則は物理学全体に成り立つ非常に重要なものである．まず，前章の「運動エネルギーの変化量と仕事の関係」と「位置エネルギーと仕事の関係」から力学的エネルギーを定義しよう．

運動エネルギーの変化量と仕事

前章の「運動エネルギーの変化量と仕事の関係式」(エネルギーの原理) によれば，運動エネルギーの変化量は，その間に (物体に加速度を生じさせている) 力がした仕事に等しい．例えば，ある質量 m の物体の運動を考え，ある任意の点 A, B における速度および運動エネルギーをそれぞれ，v_A, v_B, $K_A = \frac{1}{2}mv_A^2$, $K_B = \frac{1}{2}mv_B^2$ とすると，

$$K_B - K_A = \frac{1}{2}mv_B^2 - \frac{1}{2}mv_A^2 = W_{AB} \tag{12.1}$$

が成り立つ．ここで，W_{AB} は AB 間で力がした仕事である．

位置エネルギーと保存力がする仕事

重力や弾性力のような**保存力**では，力のする仕事は途中の過程や道筋によらない．このような場合には，**位置エネルギー** U が定義できて，保存力のする仕事が始点と終点の位

置エネルギーの差で表される．ある任意の点 A, B における位置エネルギーをそれぞれ，U_A, U_B とすると，この AB 間で保存力がした仕事 W_{AB} と位置エネルギーの差の間には，

$$W_{AB} = U_A - U_B \tag{12.2}$$

という関係が成り立つ．

力学的エネルギーの定義

式 (12.1) と式 (12.2) が等しいことから，

$$K_B - K_A = U_A - U_B \tag{12.3}$$

より，

$$K_A + U_A = K_B + U_B, \quad \rightarrow \quad \frac{1}{2}mv_A^2 + U_A = \frac{1}{2}mv_B^2 + U_B \tag{12.4}$$

が成り立つ．これまでの議論から分かるように点 A と点 B は任意の位置である．したがって，適当に選んだ物体の位置における速度を v とし，そこでの運動エネルギーを $K = \frac{1}{2}mv^2$，位置エネルギーを U とすると，次の量，

$$\frac{1}{2}mv^2 + U \tag{12.5}$$

も式 (12.4) と等しい．つまり，物体の運動エネルギーと位置エネルギーの和は，どこでもその量は同じである．この全エネルギーのことを**力学的エネルギー**とよび，

$$E = \frac{1}{2}mv^2 + U \tag{12.6}$$

と表す．したがって，$E_A = K_A + U_A$, $E_B = K_B + U_B$ とすると，

$$E = E_A = E_B \tag{12.7}$$

である．このように，力学的エネルギーは時間が経っても減りもせず増えもせず一定である．このことを**力学的エネルギー保存則**という[1]．

落下運動における力学的エネルギー保存則

鉛直投げ上げ運動を力学的エネルギー保存則の立場から考えよう．鉛直上向きを y 軸正の向きとし，地面 ($y = 0$) から質量 m の物体を速度 v_0 で投げ上げる．ここで，重力による位置エネルギーは，その基準を地面 $y = 0$ にとると，位置 y の関数として $U = U(y) = mgy$ であたえられる．したがって，地面 ($y = 0$) での物体の力学的エネルギー E_0 は，$U(0) = 0$ であるから，

$$E_0 = K_0 = \frac{1}{2}mv_0^2 \tag{12.8}$$

と，運動エネルギー $K_0 = \frac{1}{2}mv_0^2$ に等しくなる．その後，任意の高さ y における物体の速度を v とすると，この位置における力学的エネルギー E は，

---

[1] ここでは簡単のため，一次元的な直線上の運動を想定しているが，一般的な場合でも力学的エネルギー保存則は成り立つ．詳細は付録を参照のこと．

12.1 力学的エネルギー保存則

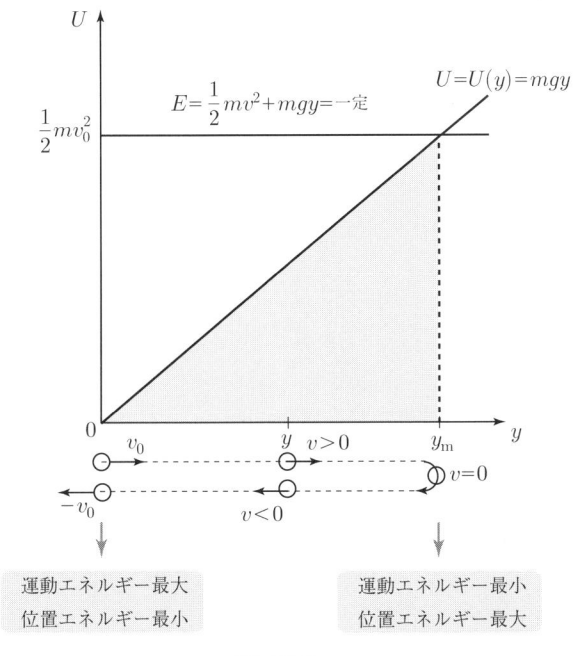

図 12.2

$$E = \frac{1}{2}mv^2 + mgy \tag{12.9}$$

である．力学的エネルギー保存則より，この E が時間に関係なく一定で，$E = E_0$ が成り立つから，

$$E = E_0 \;\to\; \frac{1}{2}mv^2 + mgy = \frac{1}{2}mv_0^2 \;\to\; v = \pm\sqrt{v_0^2 - 2gy} \tag{12.10}$$

と，任意の y の位置での物体の速度が求まる[2]．次に，物体の運動の範囲を考えよう．運動エネルギーは必ず正であるから，式 (12.9) より，

$$\frac{1}{2}mv^2 = E - mgy \geq 0 \;\to\; mgy \leq E \tag{12.11}$$

となるので，物体は上の不等式を満たす範囲で運動が可能となる[3]．したがって，

$$\frac{E}{mg} = \frac{mv_0^2}{2}\frac{1}{mg} = \frac{v_0^2}{2g} = y_\mathrm{m}$$

とおくと，

$$0 \leq y \leq \frac{E}{mg} \;\to\; 0 \leq y \leq y_\mathrm{m} = \frac{v_0^2}{2g} \tag{12.12}$$

となり，これが物体の運動範囲である．ここで，縦軸を位置エネルギー U，横軸を物体の位置 y とするグラフを描くと，図 12.2 のようになる．力学的エネルギー E は物体がどの

---

[2] 鉛直投げ上げ運動では，最初の位置に戻ってくるので，速さは同じで向きが上下異なる場合があることに注意．

[3] 今の場合，物体は地面より下には行けないので，正確には $0 \leq mgy \leq E$ である．

位置にあっても一定の値をとるから，これをグラフに描くと図のようにy軸に平行な直線となる．この図から分かるように，位置エネルギーと力学的エネルギーの差が最も大きいところ $(y=0)$ で運動エネルギーが最大となり，最も小さいところ $(y=y_\mathrm{m})$，つまり，$U=E$ となる位置で，運動エネルギーは最小 $(v=0)$ となる．この $y=y_\mathrm{m}$ の点が最高到達点であり，物体はここで折り返して地面に向かって運動する．一般に，$U=E$ となる位置のことを**転回点**とよぶ．この転回点で (直線運動の場合) 物体の速度は符号が変化する．

[例] 質量 $m=0.10$ kg の物体を，地上から鉛直上向きに $v_0=28$ m/s の速さで投げた．重力加速度の大きさを $g=9.8$ m/s^2 とし，力学的エネルギー保存則を使って，以下の問いに答えよ．

(1) 投げた瞬間，物体のもっていた運動エネルギー K_0 はいくらか．
(2) 物体は地上から最高何 m まで上がるか．その高さ y_m を求めよ．
(3) 速さが $|v_\mathrm{A}|=14$ m/s のとき物体の地上から高さ y_A はいくらか．
(4) 地上からの高さ $y_\mathrm{B}=20.4$ m の場所での物体の速さ $|v_\mathrm{B}|$ はいくらか．

[例解] (1) 地上での力学的エネルギーを E_0 とする．

$$E_0 = K_0 = \frac{1}{2}mv_0^2 = \frac{1}{2} \times 0.1 \times (28)^2 = 39.2 \text{ J}.$$

(2) 重力による位置エネルギーは地上を位置エネルギーの基準にとると，最高点では $U=mgy_\mathrm{m}$ である．また，最高点では速度はゼロなので運動エネルギーはゼロである．力学的エネルギー保存則より，

$$U = E_0 \quad \rightarrow \quad mgy_\mathrm{m} = \frac{1}{2}mv_0^2 \quad \rightarrow \quad y_\mathrm{m} = \frac{v_0^2}{2g} = \frac{(28)^2}{0.1 \times 9.8} = 40 \text{ m}.$$

(3) 力学的エネルギー保存則より，

$$\frac{1}{2}mv_\mathrm{A}^2 + mgh_\mathrm{A} = E_0 \text{ から，} mgh_\mathrm{A} = 39.2 - \frac{1}{2} \times 0.1 \times (14)^2 = 39.2 - 9.8 = 29.4 \text{ J}.$$

したがって，

$$y_\mathrm{A} = \frac{29.4}{0.1 \times 9.8} = 30 \text{ m}.$$

(4) 力学的エネルギー保存則より

$$\frac{1}{2}mv_\mathrm{B}^2 + mgy_\mathrm{B} = E_0 \text{ から，} \frac{1}{2}mv_\mathrm{B}^2 = 39.2 - 0.1 \times 9.8 \times 20.4 = 39.2 - 19.992 = 19.208 \text{ J}.$$

したがって，

$$|v_\mathrm{B}| = \sqrt{\frac{2 \times 19.208}{0.1}} = \sqrt{384.16} = 19.6 \text{ m/s}.$$

弾性力がはたらく場合の例

図 12.3 のように，質量 m の小球にばね定数 k のばねが取り付けられており，他端が壁に固定されている．ばねが自然長のときの小球の位置を $x=0$ とする．小球を手でゆっくりと引っ張り，ばねの伸びが x_m となったときに静かに手をはなした後の物体の運動は，第 8 章で取り上げたように，**単振動運動**となる．これを力学的エネルギー保存則の立場で考えよう．

12.1 力学的エネルギー保存則

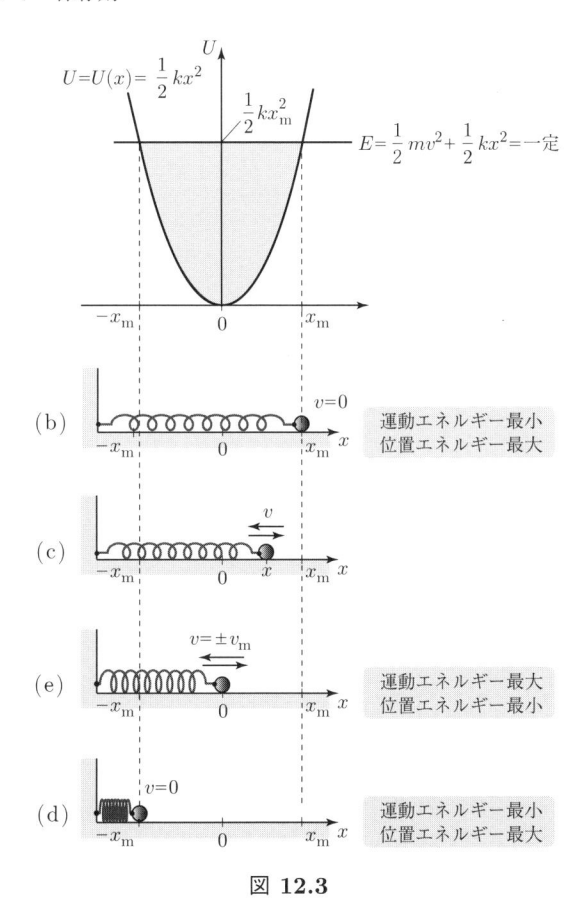

図 12.3

まず，物体が $x = x_m$ の位置にあるときの力学的エネルギー E_m は，$v = 0$ であるから，$E_m = U_m = \frac{1}{2}kx_m^2$ と，ばねの弾性力による位置エネルギー $U_m = U(x_m) = \frac{1}{2}mx_m^2$ に等しくなる．その後，小球はばねの弾性力により速度を持つようになる．任意の位置 x における小球の速さを v とすると，この位置における力学的エネルギーは，

$$E = K + U = \frac{1}{2}mv^2 + \frac{1}{2}kx^2 \tag{12.13}$$

である．力学的エネルギー保存則より，この E が時間に関係なく一定で，$E = E_m$ が成り立つから，

$$E = E_m \;\rightarrow\; \frac{1}{2}mv^2 + \frac{1}{2}kx^2 = \frac{1}{2}kx_m^2 \;\rightarrow\; v = \pm\sqrt{\frac{k}{m}(x_m^2 - x^2)} \tag{12.14}$$

と，任意の x の位置での物体の速度が求まる[4]．次に，物体の運動の範囲を考えよう．運動エネルギーは必ず正であるから，式 (12.14) より，

$$\frac{1}{2}mv^2 = E - \frac{1}{2}kx^2 \geq 0 \;\rightarrow\; \frac{1}{2}kx^2 \leq E \tag{12.15}$$

---

[4] 単振動運動では，最初に位置に戻ってくるので，速さは同じで向きが左右異なる場合があることに注意．

となるので，物体は上の不等式を満たす範囲で運動が可能となる．ここで，$E = E_\mathrm{m} = \frac{1}{2}kx_\mathrm{m}^2$ から，

$$\frac{1}{2}kx^2 \leq \frac{1}{2}kx_\mathrm{m}^2 \quad \rightarrow \quad -x_\mathrm{m} \leq x \leq x_\mathrm{m} \tag{12.16}$$

となり，これが物体の運動範囲である．ここで，縦軸を位置エネルギー U，横軸を物体の位置 x とするグラフを描くと，図 12.3 のようになる．力学的エネルギー E は物体がどの位置にあっても一定の値をとるから，これをグラフに描くと図のように x 軸に平行な直線となる．この図から分かるように，位置エネルギーと力学的エネルギーの差が最も大きいところ ($x = 0$) で運動エネルギーが最大となり，物体は最も速くこの位置を通過する．一方，この差が最も小さいところ ($x = \pm x_\mathrm{m}$)，つまり，$U = E$ となる位置で，運動エネルギーは最小 ($v = 0$) となる．したがって，この $x = \pm x_\mathrm{m}$ の点が速度の向きが変化する**転回点**となり，物体はこの間で往復運動を繰り返す (周期運動をおこなう)．

> [例] 滑らかな水面上で，ばね定数 $k = 50$ N/m のばねの一端を固定し，他端に質量 $m = 2.0$ kg の小物体をつけた．
>
> (1) ばねを 0.10 m 押し縮めると，ばねが蓄えるエネルギーはいくらか．
> (2) (1) の状態で手を放すと，ばねが自然長の長さになったときの物体の速さはいくらか．

[例解] (1) 弾性エネルギーの式より，$\frac{1}{2} \times 50 \times (0.10)^2 = 0.25$ J.

(2) 物体の速さを v とする．力学的エネルギー保存則より，$\frac{1}{2}mv^2 = \frac{1}{2}ks^2 = 0.25$ J から $v = 0.50$ m/s となる．

12.2 力学的エネルギー保存則が成り立たない場合

力学的エネルギー保存則が適用できるのは，物体にはたらく力が重力や弾性力などの**保存力**の場合である．動摩擦力や空気抵抗のように物体にはたらく力に**非保存力**が含まれている場合には，力学的エネルギー保存則は成り立たない．例えば，粗い床の上の物体の運動を考えてみると，ある速度で運動している物体は，後に動摩擦力によって止まってしまう．もし，動摩擦力が保存力であるなら，この間に動摩擦力がした仕事は位置エネルギーとして物体に蓄えられるが，実際はそうはならない．もし蓄えられるなら，静止した物体が再び動き出すことになる．このように，物体が最初に持っていた力学的エネルギーは動摩擦力がした (負の) 仕事によって減少し，その減少した分のエネルギーは**熱**などの別の形態のエネルギーに変化してしまうのである[5]．

粗い床の上で任意の点 A と点 B を考え，そこでの物体の力学的エネルギーをそれぞれ E_A，E_B とする．物体が点 A から点 B まで移動するまでに非保存力がした仕事を W'_AB と

---

[5] この熱エネルギーまで含めた全体 (物体と床のもつ) 全エネルギーは保存する．

演習問題

すると，力学的エネルギーの変化量 $E_B - E_A$ との間に

$$E_B - E_A = W'_{AB} \tag{12.17}$$

の関係が成り立つ．非保存力のした仕事は必ず負 ($W'_{AB} < 0$) なので，式 (12.17) から，

$$E_B - E_A = W'_{AB} < 0 \quad \rightarrow \quad E_B < E_A \tag{12.18}$$

となり，力学的エネルギーは必ず減少する．

[例] 図 12.4 のように，水平面と角 θ をなす粗い斜面上の質量 m の物体に初速度 v_0 をあたえた．斜面に沿って距離 l だけ滑り下りたときの物体の速さ v を求めよ．動摩擦係数を μ'，重力加速度を g とする．

[例解] 式 (12.17) を適用しよう．水平面を位置エネルギーの基準とする．初速度 v_0 のときの力学的エネルギーは，

$$\frac{1}{2}mv_0^2 + mgl\sin\theta \tag{12.19}$$

となる．一方，速度が v のときの力学的エネルギーは $mv^2/2$ である．この 2 つの式の差が摩擦力のした仕事 W'_{AB} になるので，

$$\frac{1}{2}mv^2 - \left(\frac{1}{2}mv_0^2 + mgl\sin\theta\right) = W'_{AB} = -F'l = -\mu'Nl = -\mu'mgl\cos\theta \tag{12.20}$$

となる．したがって，これを v について解くと，

$$v = \sqrt{v_0 + 2gl(\sin\theta - \mu'\cos\theta)} \tag{12.21}$$

となる．

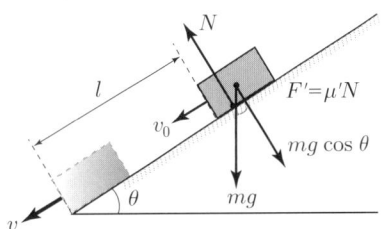

図 12.4

■■ 演習問題 ■■

12.1 高さ $y_A = h$ のところから物体を静かにはなし ($v_A = 0$)，自由落下させる．このとき，任意の高さ y における，物体の速度 v を力学的エネルギー保存則を用いて求めよ．また，$h = 40$ m のとき，地面に衝突する瞬間の物体の速さを求めよ．

12.2 図 12.5 に示すように，長さ l の糸の上端を天井の点 O にとりつけ，下端に質量 m のおもりをつけて，糸がたるまないように鉛直線と角 60° をなす点 A から静かにはなした．点 O の真下の点 B を位置エネルギーの基準にとり，重力加速度の大きさを g とする．

  (1) 点 A でのおもりの位置エネルギーと運動エネルギーはいくらか．
  (2) おもりが A から B に移動する間に，重力のした仕事はいくらか．また糸の張力がした仕事はいくらか．
  (3) 点 B でのおもりの速さはいくらか．

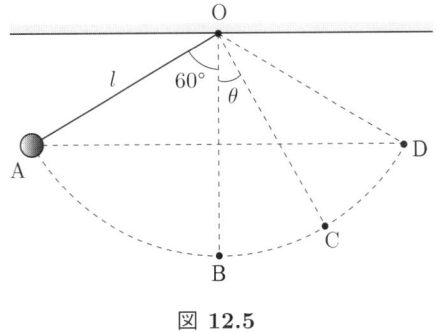

図 12.5

(4) 点Cでのおもりの速さはいくらか．
(5) おもりはその後どのような運動を続けるか．力学的エネルギー保存則と関連付け簡単に述べよ．空気抵抗はないものとする．

12.3 図12.6のように，なめらかな面上で質量mの小球を運動させる．点Aにおいて，小球に水平方向に初速度v_Aを与えたら，小球は点Bを通り，斜面を上って点Cから水平に飛び出し，水平面上の点Eに落ちた．点Aと点Bの高度差をh_A，点Bと点Cの高度差をh_C，重力加速度の大きさをgとし，摩擦と空気抵抗はないものとする．以下の設問に答えよ．

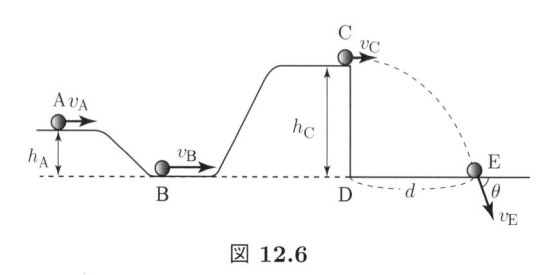

図 12.6

(1) 点Aにおける力学的エネルギーE_Aを求めよ．ただし，点Bの高さをを位置エネルギーの基準点とする．
(2) 点Bにおける速さv_Bはいくらか．
(3) 点Cを飛び出すときの速さv_Cはいくらか．
(4) 点Cを飛び出してから点Eに落下するまでの時間tはいくらか．
(5) 点Cの真下の点Dから落下点Eまでの水平距離dを求めよ．
(6) 点Eにおける速さv_Eはいくらか．
(7) 地面に衝突する直前の角度θはいくらか．

12.4 図12.7のように，なめらかな斜面上の点C (高さ$h = 0.400$ m) から静かに質量$m = 0.100$ kgの物体をはなしたところ，物体は斜面を滑り降り斜面となだらかにつながっている水平面AB間を移動し，ばね定数$k = 4.90$ N/mのばねに取り付けられた平板に衝突し平板と一体となり運動を続けた．この衝突において物体の運動エネルギーの損失はないものとする．

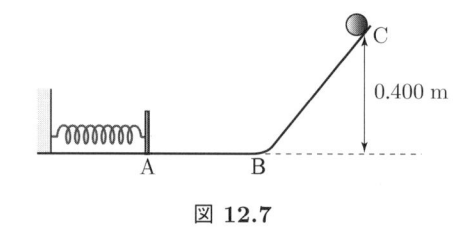

図 12.7

重力加速度の大きさを$g = 9.80$ m/s^{2}とし，以下の問いに答えよ (解答は有効数字3桁で)．
(1) 水平面を位置エネルギーの基準とし，点Cにおける位置エネルギーを求めよ．
(2) 点Bを通過するときの小球の速さは何m/sか．
(3) 点Aで平板と衝突後，ばねは何mだけ押し縮められるか．
(4) ばねを(3)より2倍だけ押し縮めるためには，点Cで物体にどれだけの(斜面方向に)速さを与える必要があるか．

12.5 図12.8のように、質量の無視できる軽いばねの一端を固定し，他端に質量mのおもりをつるしたところ，ばねがlだけ伸びた位置Aでつりあった．重力加速度の大きさをgとして，以下の問いに答えよ．

(1) ばね定数 k を求めよ．
(2) この位置から，おもりをさらに l だけ引き位置 B で静かにはなすと，おもりは A のまわりで振動をはじめた．おもりが A の位置を通過する瞬間の速さを求めよ．
(3) おもりはどの位置まで上昇することができるか．

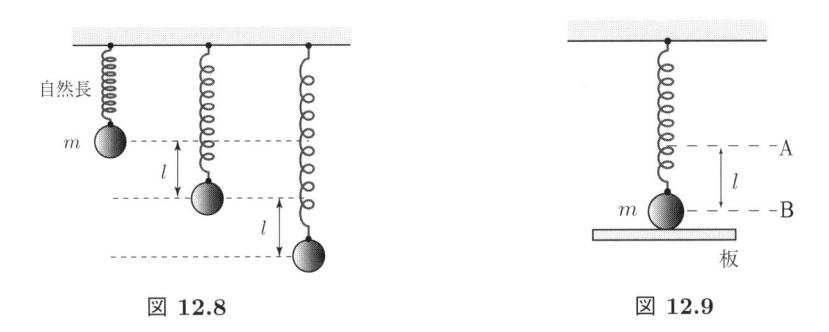

図 12.8

図 12.9

12.6 (非保存力のする仕事) ばねの上端を固定し，下端に質量 m の小さなおもりをつるしたところ，ばねは自然長の位置 A より，l だけ伸びておもりは点 B で静止した．そこで，図 12.9 のように，板でおもりをゆっくり押し上げ点 A まで移動させた．重力加速度の大きさを g とする．

(1) ばね定数 k はいくらか．
(2) この間に板がおもりに及ぼす垂直抗力のした仕事はいくらか．次に，点 A の位置からおもりを板に**接触させたまま**板を引き下ろしておもりを下降させたところ，おもりは点 B を速さ $\sqrt{gl/2}$ で通過した．
(3) この間に板がおもりに及ぼす垂直抗力がする仕事はいくらか．

13

運動量保存則

13.1 運動量と力積

　ここでは，**運動量**と**力積**を学ぶ．例えば，運動している物体を止めようとするとき，同じ速度でも質量が大きい物体の方が大変なのは想像できよう．これは物体のもつ運動量（運動の勢い）が大きいからで，この運動量は物体の質量と速度の積で表される．一方，力積とは，力とその力を及ぼしているものと物体との接触時間との積で与えられる量である．例えば，バットでボールを打ち返すときにボールを遠くへ飛ばすには，大きな力積をボールに与えればよい．つまり，ボールをうまく引き付けて接触時間をより長くしより大きな力積を与えればよい．以下，これら二つの量が密接に関係していることを，等加速度運動を例に考えよう．

等加速度運動の例

　図 13.1 のように，x 軸上を一定の加速度 a で運動する質量 m の物体を考えよう．時刻 t における物体の位置および速度を，それぞれ，$x = x(t)$, $v = v(t)$，それから Δt だけ経った時刻 $t + \Delta t$ における物体の位置および速度を，それぞれ，$x' = x(t + \Delta t)$, $v' = v(t + \Delta v)$ としよう．今，単位時間当たりの速度の変化量が加速度 a に等しいから，

$$\frac{v' - v}{\Delta t} = \frac{\text{速度の変化量}}{\text{時間間隔}} = a \tag{13.1}$$

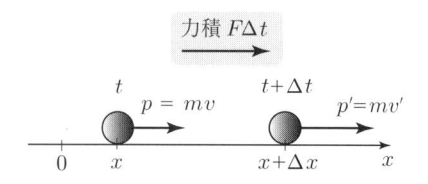

図 13.1 運動量の変化量と力積

が成り立つ．両辺に質量 $m\Delta t$ をかけると

$$mv' - mv = ma\Delta t \tag{13.2}$$

となるが，右辺の ma を物体にはたらいている力 F とすると，

$$mv' - mv = F\Delta t \tag{13.3}$$

13.1 運動量と力積

が得られる．この式の意味をもう少し考えてみよう．左辺は物体の質量と速度をかけたものの量の**変化量**を表している．このある量を**運動量**と定義し，時刻 t および時刻 $t+\Delta t$ における運動量を，それぞれ，$p = p(t) = mv(t)$, $p' = p(t+\Delta t) = mv(t+\Delta t)$ とすると，

$$\underbrace{p' - p}_{\text{運動量の変化量}} = \underbrace{F\Delta t}_{\text{力積}} \tag{13.4}$$

が得られる．一方，右辺は**力積**とよばれる量であり，物体にはたらいている力 F とそのはたらいている間の時間 Δt の積で与えられる．したがって，式 (13.4) は，**物体に力積を与えたならば運動量が変化する**ということを示している．この運動量の変化量と力積との関係は，運動エネルギーの変化量と仕事の関係と同様，等速度運動に限らず一般的に成り立つものである[1]．

運動量の単位は「運動量＝質量×速度」から，kg・m/s，力積の単位は「力積＝力×時間」から，N・s である．

F-t グラフ

力積は力と時間の積で与えられた．等加速度運動の場合は物体に与えられる力は一定であるから，力 F と時間 t の関係を表す *F-t* グラフは図 13.2 のようになる．このグラフから分かるように，力 F と時間間隔 Δt を囲む面積が力積を与える．これは図 13.2(b) のように，力が一定でない場合にも有効である．この場合の力積は $\bar{F}\Delta t$ で与えられる．ここで，$\bar{F}$ は**力の平均値**である．

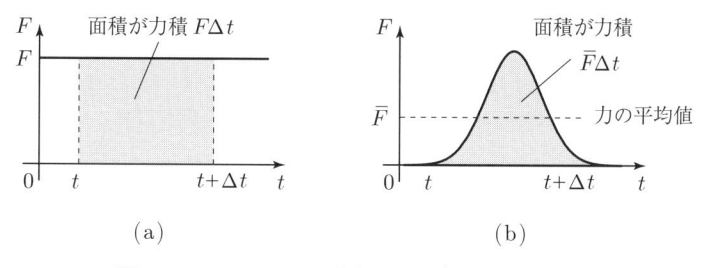

図 13.2 *F-t* グラフ (a)$F = $ 一定 (b)$F = F(t)$

[例] ピッチャーが質量 0.15 kg のボールを速さ 144 km/h で投げ，バッターが反対向きに速さ 162 km/h で打ち返した．

(1) ボールに与えられた力積の大きさはいくらか．
(2) バットとボールの接触時間が 0.020 秒だったとすると，バットがボールに与えた力の大きさの平均値はいくらか．

[例解] (1) ボールが飛んでいく方向を正の向きにとり，バットに衝突する前のボールの速度を v_1，バットに衝突した後のボールの速度を v_2 とすると，$v_1 = -144$ km/h $= -40$ m/s，$v_2 = 162$ km/h $= 45$ m/s で与えられる．衝突前と衝突後の運動量の変化量 $mv_2 - mv_1$ が力積 $\bar{F}\Delta t$

---

[1] 詳細は付録参照のこと．

($\bar{F}$ は力の平均値,Δt は接触時間) を与えるから,$\bar{F}\Delta t = m(v_2 - v_1) = 0.15 \times (45 - (-40)) = 14.25 \simeq 14.3$ N·s.

(2) $\Delta t = 0.020$ s より,$\bar{F} = \dfrac{14.25}{0.020} = 712.5 \simeq 712$ N.

13.2 運動量保存則

物体に摩擦などがはたらかない場合,物体の力学的エネルギーは保存する.一方,これから示す**運動量保存則**は力学的エネルギーが保存しない場合でも成り立つ非常に強力な保存則である.

図 13.3 に示すように,x 軸上を運動する 2 つの小球 A(質量 m_A) と B(質量 m_B) が衝突する問題を考えよう.衝突前の A,B の速度をそれぞれ v_A,v_B,衝突後の A,B の速度をそれぞれ v'_A,v'_B とする[2].小球 A と小球 B が時間 Δt だけ衝突していたとすると,その間,A は B を力 F で押し,その反作用として B も A を力 $-F$ で押している.一般にこの力 F は一定でなく,図 13.3 のように時間的に変化する.この衝突による (A が B に与える) 力積はこのグラフの面積から得られ,力の平均値を $\bar{F}$ として,$\bar{F}\Delta t$ で与えられる.同様に B が A に与える力積は,作用・反作用の法則から $-\bar{F}\Delta t$ で与えられる.

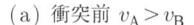

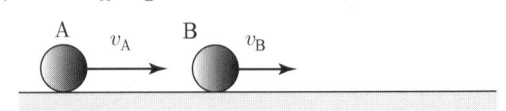

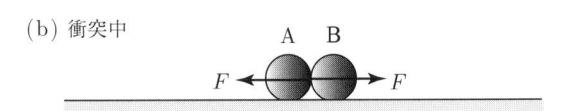

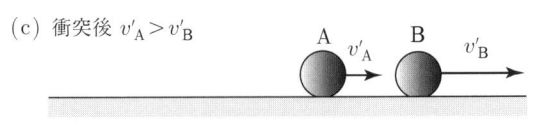

図 13.3

ここで,各小球に対して運動量の変化量と力積との関係を用いると,力積の法則式 (13.4) を適用すれば,

$$\text{小球 A}: \quad mv'_\mathrm{A} - mv_\mathrm{A} = -\bar{F}\Delta t \tag{13.5}$$

$$\text{小球 B}: \quad mv'_\mathrm{B} - mv_\mathrm{B} = \bar{F}\Delta t \tag{13.6}$$

となる (符号に注意).これから,両辺を足すと右辺は互いにキャンセルし,

$$\underbrace{m_\mathrm{A}v_\mathrm{A} + m_\mathrm{B}v_\mathrm{B}}_{\text{衝突前の運動量の和}} = \underbrace{m_\mathrm{A}v'_\mathrm{A} + m_\mathrm{B}v'_\mathrm{B}}_{\text{衝突後の運動量の和}} \quad \rightarrow \quad p_\mathrm{A} + p_\mathrm{B} = p'_\mathrm{A} + p'_\mathrm{B} \tag{13.7}$$

となり,2 つの小球の運動量の和は衝突前 ($p_\mathrm{A} + p_\mathrm{B}$) と衝突後 ($p'_\mathrm{A} + p'_\mathrm{B}$) で等しい.これを**運動量保存則**とよぶ.

---

[2] ここで,A が B に衝突するためには $v_\mathrm{A} > v_\mathrm{B}$ が必要であり,衝突後に A と B が再び衝突することはないから,$v'_\mathrm{A} < v'_\mathrm{B}$ であることに注意しよう.

13.3 反発係数(はねかえり係数)

[例] x 軸上を速度 2.0 m/s で運動している質量 2.0 kg の物体 A が，静止している質量 4.0 kg の物体 B に正面衝突した．衝突後の B の速度が 1.2 m/s のとき，衝突後の A の速度を求めよ．

[例解] $m_A = 2.0$ kg, $m_B = 4.0$ kg, 衝突前の物体 A,B の速度をそれぞれ, $v_A = 2.0$ m/s, $v_B = 0$ とし，衝突後の物体 A,B の速度をそれぞれ, v'_A, $v'_B = 1.2$ m/s とすると，運動量の保存則より, $m_A v_A + m_B v_B = m_A v'_A + m_B v'_B$ → $2.0 \times 2.0 + 0 = 2.0 \times v'_A + 4.0 \times 1.2$ から, $v'_A = -0.40$ m/s となる．速度が負であるから，物体 A は衝突後 x 軸負の向き(左向き)に速さ 0.40 m/s で動く．

13.3 反発係数 (はねかえり係数)

図 13.4 に示すように，小球を高さ h から自由落下させ床に衝突させると，力学的エネルギー保存則を考えれば，床に衝突した小球はもとの高さまで戻ってくるはずである．しかし，実際は高さ $h' < h$ までしか跳ね返らない．これは，小球の運動エネルギーの一部が床に与えられるからである．このとき，小球が床に衝突する直前の速さ $|v|$ と直後の $|v'|$ の比が一定となるので，

$$e = \frac{衝突直後の速さ}{衝突直前の速さ} = \frac{|v'|}{|v|}$$

と定義し，これを**反発係数**または**はねかえり係数**とよぶ．一般に反発係数は $e < 1$ となる．

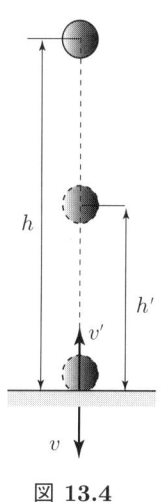

図 13.4

[例] 高さ h の位置から自由落下させたボールが床に衝突してはね返り, h' の高さにまであがった．このとき，反発係数 e はいくらか．

[例解] ボールの質量を m, 重力加速度の大きさを g とすれば，力学的エネルギー保存則より, $mgh = \frac{1}{2}mv^2$ が成り立つから，床に衝突する直前のボールの速さは $|v| = \sqrt{2gh}$ となる．床に衝突直後のボールの速さを $|v'|$ とすると，衝突後の力学的エネルギー保存則より, $mgh' = \frac{1}{2}m(v')^2$ が成り立つから, $|v'| = \sqrt{2gh'}$ となる．これらから，反発係数は $e = \frac{|v'|}{|v|} = \frac{\sqrt{2gh'}}{\sqrt{2gh}} = \sqrt{\frac{h'}{h}}$.

直線上の 2 つの物体間の衝突と反発係数

図 13.5 に示すように, x 軸上を運動する 2 つの小球 A(質量 m_A) と B(質量 m_B) について，衝突前の A と B の速度 v_A が v_B が分かっていたとして，衝突後の A と B の速度 v'_A, v'_B を求める問題を考える．この 2 つの小球がもつ運動量について運動量保存則が成り立つから，

$$m_A v_A + m_B v_B = m_A v'_A + m_B v'_B \tag{13.8}$$

(a) 衝突前 $v_A > v_B$

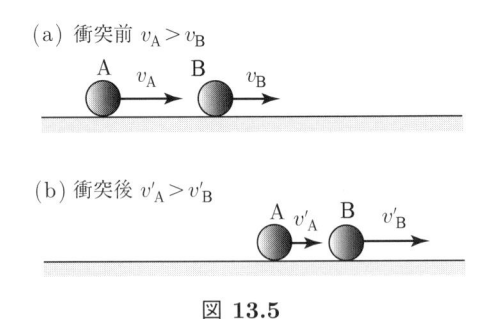

(b) 衝突後 $v'_A > v'_B$

図 **13.5**

が得られる．しかしながら，この式だけからは v'_A と v'_B は求まらない．あと一つ v'_A と v'_B との間に成り立つ関係式が必要である．ここで，真っ先に思いつくのは力学的エネルギー保存則であるが，前節で示したように，一般に衝突の問題では力学的エネルギーは保存しない．

そこで，衝突前後の速さと反発係数との関係を考えてみよう．そのために，床に相当するものを小球 B として考える．床の場合はそれ自体が静止していたが，小球 B の場合は動いているので，衝突前後の小球 A の速度を考える変わりに，**小球 B からみた小球 A の速度**を考えることにしよう．これを**相対速度**とよぶ．まず，小球 A が小球 B と衝突するためには，図 13.5 のように B からみた A の相対速度 $v_A - v_B$ は必ず正でなくてはならない[3]．つまり，B からみると A は近づいてくるようにみえる．次に，衝突後の B からみた A の相対速度は $v'_A - v'_B$ であるが，これは**負**でないといけない．なぜなら，これが正であると，衝突後もう一度衝突しなくてはならないが，今の状況では物理的に起こりえない．つまり，B からみると A は遠ざかっていくようにみえる．したがって，$v'_A - v'_B < 0$ である．衝突係数 (反発係数) e は必ず正だから，結局，

$$e = \frac{|v'_A - v'_B|}{|v_A - v_B|} = \frac{-(v'_A - v'_B)}{v_A - v_B} = \frac{-(B \text{からみた} A \text{の衝突後の相対速度})}{B \text{からみた} A \text{の衝突前の相対速度}} \quad (13.9)$$

で与えられる．式 (13.8) と式 (13.9) から，v'_A と v'_B が v_A, v_B, m_A, m_B, e を用いて表すことができる．多少面倒であるが，以下計算してみよう．

まず，式 (13.9) から，

$$v'_B = v'_A + e(v_A - v_B) \quad (13.10)$$

が得られるので，これを式 (13.8) に代入すると，

$$m_A v_A + m_B v_B = m_A v'_A + m_B v'_A + e m_B (v_A - v_B)$$

$$\to (m_A + m_B) v'_A = m_A v_A + m_B v_B - e m_B (v_A - v_B)$$

$$\to v'_A = \frac{m_A v_A + m_B v_B - e m_B (v_A - v_B)}{m_A + m_B} \quad (13.11)$$

と v'_A が求まる．ここで，**重心速度** V_c と相対速度 v_r をそれぞれ，

---

[3] 相対速度はどちらからどちらを引くかで混乱することがあるが，○に対する (○からみた) □の相対速度というように，結局は□の速度をみているわけだから，□の速度が先ずにくる．そして，○で引けばよい．○の速度がゼロなら，単に□の速度が残ることで正しさがチェックできる．

$$V_c = \frac{m_A v_A + m_B v_B}{m_A + m_B}, \quad v_r = v_A - v_B \tag{13.12}$$

とすると, v'_A は,

$$v'_A = V_c - e\frac{m_B}{M}v_r \tag{13.13}$$

とかける. ここで, $M = m_A + m_B$ は 2 つの小球の質量の和である. これを式 (13.10) に代入すると,

$$\begin{aligned}v'_B &= V_c - e\frac{m_B}{M}v_r + ev_r \\ &= V_c + e\frac{-m_B + M}{M}v_r \\ &= V_c + e\frac{m_A}{M}v_r\end{aligned} \tag{13.14}$$

と v'_B が求まる [4].

> **[例]** x 軸上を, それぞれ, 速度 $v_A = 4.0$ m/s と $v_B = 3.0$ m/s で運動している小球 A(質量 $m_A = 1.0$ kg) と小球 B(質量 $m_B = 2.0$ kg) が衝突した. 反発係数を $e = 0.5$ として, 衝突後の A, B の速度 v'_A, v'_B を求めよ.

[例解] $m_A v_A + m_B v_B = m_A v'_A + m_B v'_B \rightarrow v'_A + 2v'_B = 1 \times 4 + 2 \times 3 = 10$ m/s $\cdots$ ①.
次に, 式 (13.9) から, $\frac{-(v'_A - v'_B)}{v_A - v_B} = \frac{-v'_A + v'_B}{1} = 0.5 \rightarrow -v'_A + v'_B = 0.5$ m/s $\cdots$ ②.
①+②から, $3v'_B = 10.5 \rightarrow v'_B = 3.5$ m/s. これを①に代入して, $v'_A = 3.0$ m/s.

■■■ 演習問題 ■■■

13.1 質量 1000 kg の自動車が時速 72 km で壁に正面衝突して, 大破して速さ $v' = 3.0$ m/s で跳ね返された. 衝突時間を 0.10 秒とする. このとき, 自動車に 0.10 秒間作用した外力の時間平均 $\bar{F}$ を求めよ.

13.2 宇宙空間で浮いている人が, 宇宙船まで戻るためにはどうしたらよいか? ただし, 人と宇宙船の相対速度はゼロとする.

13.3 速度 V で飛行している質量 M のロケットが, 質量 m の燃料をロケットに対して u の速度で噴射した. このとき, ロケットの速度はいくらになるか.

13.4 質量 0.10 kg のゴルフボールをクラブで垂直に打ったところ, ゴルフボールはクラブから図 13.6 に示すような力を受けた. このとき,

  (1) ボールがクラブから受けた力積の大きさはいくらか.
  (2) ボールが飛び出した直後のボールの速さはいくらか.

13.5 図 13.7 のように, x 軸上を, それぞれ, 速度 $v_A = 1.0$ m/s と $v_B = -1.0$ m/s で運動している小球 A (質量 $m_A = 2.0$ kg) と小球 B (質量 $m_B = 1.0$ kg) が衝突し, 衝突後小球 B は $v'_B = 1.0$ m/s で運動した. このとき,

---
[4] v'_B は計算しなくても v'_A の式で A と B を入れ替えれば得られる. また, 実際に具体的な問題を解くときは数字を代入してその都度計算した方がよい. これらの式を暗記しても, どうせ忘れるので無駄である.

図 13.6

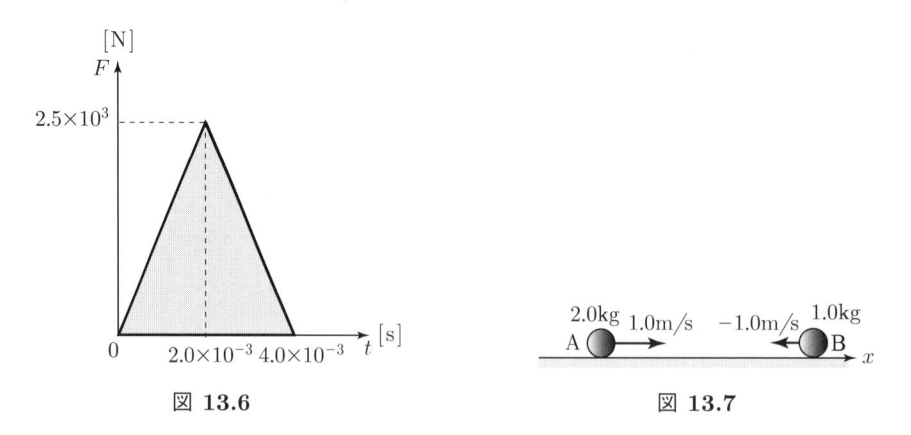

図 13.7

(1) 衝突で A が B から受けた力積の大きさはいくらか．
(2) 衝突後の A の速度を求めよ．
(3) この 2 球の反発係数はいくらか．
(4) この衝突によって失われた運動エネルギーを求めよ．

13.6 直線上の 2 つの物体間の衝突について，衝突による運動エネルギーの損失を求めよ．ただし，衝突前の 2 つの小球 A, B (それぞれ質量 m_A, m_B) の速度を v_A, v_B，反発係数を e とする．

13.7 斜方投射運動において，地面に着いたボールは再び地面で跳ね返り，斜方投射運動を繰り返す．ここで，地面との跳ね返り係数を e とすると，地面に衝突する直前のボールの鉛直下向きの速さ ($|v_y|$) と地面に衝突した直後のボールの鉛直上向きの速さ ($|v'_y|$) との間には $|v'_y| = e|v_y|$ の関係がある．また，水平方向成分については，衝突前後で速度の変化はない．このとき，

(1) 物体はいつまで斜方投射運動を続けることができるか．斜方投射運動が終了するまでの時間を求めよ．また，斜方投射運動が終了した後の物体はどのような運動をおこなうかを考察せよ．
(2) $e=1$, $e=0$ の各場合において，(1) で得られた結果がどうなるかを考察せよ．

A appendix
微分・積分を使った物理量の表現

A.1 微分による速度および加速度

第 2 章で瞬間の速度を式 (2.10) で定義したが，これは時間の関数である位置 $x = x(t)$ を時間 t で微分したものに他ならない．これを，

$$v = v(t) = \lim_{\Delta t \to 0} \frac{\Delta x}{\Delta t} = \frac{dx}{dt} = \frac{d}{dt}x(t) \tag{A.1}$$

と表す．同様に，第 2 章で瞬間の加速度を式 (3.2) で定義したが，これは時間の関数である速度 $v = v(t)$ を時間 t で微分したものに他ならない．これを

$$a = a(t) = \lim_{\Delta t \to 0} \frac{\Delta v}{\Delta t} = \frac{dv}{dt} = \frac{d}{dt}v(t) = \frac{d^2 x}{dt^2} = \frac{d^2}{dt^2}x(t) \tag{A.2}$$

と表す．ここで，$\frac{d^2 x}{dt^2} = \frac{d^2}{dt^2}x(t)$ は位置 $x = x(t)$ の時間 t に関する 2 階微分である．これらの関係式を用いると，物体の位置 $x = x(t)$ が分かっている場合，簡単に物体の速度および加速度を求めることができる．以下，等速度運動および等加速度運動を例にこのことを確かめみよう．

等速度運動

等速度運動をする物体の時刻 t における位置は，一般に初期位置を $x_0 = x(0)$ として，$x = x(t) = x_0 + v_0 t$ で与えられる．これから速度は，

$$\begin{aligned}
\frac{dx}{dt} &= \frac{d}{dt}(x_0 + v_0 t) \\
&= \underbrace{\frac{dx_0}{dt}}_{\text{定数の微分はゼロ}} + \underbrace{\frac{d}{dt}(v_0 t)}_{\text{合成関数の微分}} \\
&= \underbrace{\frac{dv_0}{dt}}_{\text{定数の微分はゼロ}} t + v_0 \frac{dt}{dt}
\end{aligned}$$

$$= v_0 \tag{A.3}$$

となり，確かに初速度 $v = v(t) = v_0$ が得られた．次に，加速度は

$$\frac{dv}{dt} = \frac{dv_0}{dt} = 0 \tag{A.4}$$

となり，当然ゼロとなる．

等加速度運動

等加速度運動をする物体の時刻 t における位置は，初期位置を $x_0 = x(0)$，初速度を $v_0 = v(0)$ として，$x = x(t) = x_0 + v_0 t + \frac{1}{2}at^2$ で与えられる．まず，速度を得るために位置を時間で微分すると，

$$\begin{aligned}
\frac{dx}{dt} &= \frac{d}{dt}\left(x_0 + v_0 t + \frac{1}{2}at^2\right) \\
&= \frac{dx_0}{dt} + \frac{d}{dt}(v_0 t) + \frac{d}{dt}\left(\frac{1}{2}at^2\right) \\
&= 0 + \frac{dv_0}{dt}t + v_0\frac{dt}{dt} + \frac{d(1/2)}{dt}at^2 + \frac{1}{2}\frac{da}{dt}t^2 + \frac{1}{2}a\frac{dt^2}{dt} \\
&= v_0 + \frac{1}{2}a2t = v_0 + at
\end{aligned} \tag{A.5}$$

となり，確かに $v = v(t) = v_0 + at$ が得られた．次に，加速度は

$$\frac{dv}{dt} = \frac{d}{dt}(v_0 + at) = \frac{dv_0}{dt} + \frac{da}{dt}t + a\frac{dt}{dt} = a \tag{A.6}$$

となり，確かに一定の加速度 a が得られる．

A.2 積分による速度の変化量（速度）および変位（位置）

微分の<u>逆演算</u>のことを<u>積分</u>という．ある関数を積分するとは，微分したらもとの関数となる関数を求めることであり（<u>不定積分</u>），特に，<u>積分変数</u>をある区間で積分することは関数とその変数の区間を囲む面積を求めることに対応する．この操作を<u>定積分</u>とよぶ．以下では，加速度を時間 t に関してある区間で積分すると速度の変化量が，さらに，速度を時間 t である区間で積分すると，変位が得られることを示す．

加速度 $a = a(t)$ を時間 t に関して区間 $[0, t]$ で積分すると，

$$\int_0^t dt\, a(t) = \int_0^t dt\, \frac{dv}{dt} = \bigl[v(t)\bigr]_0^t = v(t) - v(0) \tag{A.7}$$

となり，速度の変化量が得られる．したがって，

$$v(t) = v_0 + \int_0^t dt\, a(t) \tag{A.8}$$

A.2 積分による速度の変化量（速度）および変位（位置） 99

となる．ただし，初速度を $v_0 = v(0)$ とした．次に，速度 $v = v(t)$ を時間 t に関して区間 $[0, t]$ で積分すると，

$$\int_0^t dt\, v(t) = \int_0^t dt\, \frac{dx}{dt} = \bigl[x(t)\bigr]_0^t = x(t) - x(0) \tag{A.9}$$

となり，変位が得られる．したがって，

$$x(t) = x_0 + \int_0^t dt\, v(t) \tag{A.10}$$

となる．ただし，初期位置を $x_0 = x(0)$ とした．このように，加速度 $a = a(t)$ が与えられた場合，簡単に物体の速度および位置を求めることができる．以下，等速度運動および等加速度運動を例にこのことを確かめみよう．

等速度運動

等速度運動では $a = 0$ であるから，

$$v(t) = v(0) = v_0 \tag{A.11}$$

となり，確かに速度が得られる．次に，

$$x(t) = x(0) + \int_0^t dt\, v_0 = x_0 + \underbrace{v_0 \int_0^t dt\, 1}_{\text{定数の積分は積分の外にだせる}}$$

$$= x_0 + v_0\, [t]_0^t = x_0 + v_0\, [t - 0] = x_0 + v_0 t \tag{A.12}$$

となり，確かに物体の位置 $x = x(t)$ が得られる．

等加速度運動

等加速度運動では加速度 a は時間に関係なく一定の定数であるから，

$$\begin{aligned}
v(t) &= v(0) + \int_0^t dt\, a = v_0 + a \int_0^t dt\, 1 \\
&= v_0 + a\bigl[t\bigr]_0^t = v_0 + a\bigl[t - 0\bigr] = v_0 + at
\end{aligned} \tag{A.13}$$

となり，確かに速度 $v = v(t)$ が得られる．次に，

$$\begin{aligned}
x(t) &= x(0) + \int_0^t dt\, (v_0 + at) = x(0) + v_0 \int_0^t dt\, 1 + a \int_0^t dt\, t \\
&= x(0) + v_0\, [t]_0^t + a \left[\frac{1}{2}t^2\right]_0^t = x(0) + v_0\, [t - 0] + a \left[\frac{1}{2}t^2 - 0\right] = x(0) + v_0 t + \frac{1}{2}a t^2
\end{aligned} \tag{A.14}$$

となり，確かに物体の位置 $x = x(t)$ が得られる．

A.3　微分方程式としての運動方程式

x 軸上の直線運動を考える．質量 m の物体には一定の力 F が加えられているとき，この物体がしたがう運動方程式は，加速度を a として，

$$ma = F \tag{A.15}$$

で与えられた．式 (A.2) より，加速度は位置の時間に関する 2 階微分で表されるから，

$$m\frac{d^2x}{dt^2} = F \tag{A.16}$$

となる．このような式を一般に<u>微分方程式</u>という．右辺の力が一定の場合，この運動方程式は<u>変数分離の方法</u>で簡単に解くことができる．まず，$a = \dfrac{dv}{dt} = \dfrac{d^2x}{dt^2}$ から，

$$m\frac{dv}{dt} = F \tag{A.17}$$

と書き換えられる．次に，上式を次のように変形する．

$$m\,dv = F\,dt \tag{A.18}$$

これを両辺について積分すると，

$$\int_{v_0}^{v} dv\; m = \int_{0}^{t} dt\; F \tag{A.19}$$

となる．ここで，左辺の<u>積分変数</u>は v であり，積分の<u>下限</u>は時刻 $t = 0$ における速度 ($v_0 = v(0)$)，<u>上限</u>は時刻 t における速度 $v = v(t)$ の値である．一方，右辺の積分変数は t であり，積分の下限は時刻 $t = 0$，上限は時刻 t の値である．今の場合，m も F も一定であるから，積分の外に出せて，

$$\begin{aligned}
m\int_{v_0}^{v} dv = F\int_{0}^{t} dt \;&\to\; m\,[v]_{v_0}^{v} = F[t]_0^t \\
&\to\; m\,[v - v_0] = F\,[t - 0] \\
&\to\; v - v_0 = \frac{F}{m}t
\end{aligned} \tag{A.20}$$

となるから，速度が時間 t の関数として，

$$v = v(t) = v_0 + \frac{F}{m}t \tag{A.21}$$

と求まる．次に位置は $v = \dfrac{dx}{dt}$ から，

$$dx = \left(v_0 + \frac{F}{m}t\right)dt \tag{A.22}$$

となるので，$x_0 = x(0)$，$x = x(t)$ として，両辺をそれぞれ積分すると，

A.3 微分方程式としての運動方程式

$$\int_{x_0}^{x} dx = \int_0^t dt \left(v_0 + \frac{F}{m}t\right) \;\;\to\;\; [x]_{x_0}^{x} = v_0 \int_0^t dt + \frac{F}{m}\int_0^t dt\, t$$

$$\to\;\; [x - x_0] = v_0\,[t]_0^t + \frac{F}{m}\left[\frac{1}{2}t^2\right]_0^t$$

$$\to\;\; x - x_0 = v_0 t + \frac{1}{2}\frac{F}{m}t^2 \tag{A.23}$$

となるから，位置が時間 t の関数として，

$$x = x(t) = x_0 + v_0 t + \frac{1}{2}\frac{F}{m}t^2 \tag{A.24}$$

と求まる．物体にはたらく力 F は時間に関係なく一定であったから，これを一定の加速度 $a = \dfrac{F}{m}$ とすると，式 (A.22) と式 (A.24) はまさに等加速度運動における速度および位置を表す．

[例 1] ばねにつながれた質量 m の物体がしたがう運動方程式は，物体の位置 $x = x(t)$ の時間 t に関する 2 階微分方程式として，$m\dfrac{d^2 x}{dt^2} = -kx$ で与えられる．ここで，k はばね定数である．この微分方程式の一般解が，三角関数 $x = x(t) = A\sin(\omega t + \theta_0)$ で与えられることを示せ．ここで，A と θ_0（初期位相とよぶ）は定数である．

[例解] x を時間 t に関して微分すると，

$$\frac{dx}{dt} = \frac{d}{dt}(A\sin(\omega t + \theta_0)) = A\omega\cos(\omega t + \theta_0) \tag{A.25}$$

となる．これをさらに時間に関して微分すると，

$$\frac{d^2 x}{dt^2} = \frac{dv}{dt} = \frac{d}{dt}(A\omega\cos(\omega t + \theta_0)) = -A\omega^2\sin(\omega t + \theta_0) \tag{A.26}$$

となるから，これを微分方程式に代入し，

$$-Am\omega^2\sin(\omega t + \theta_0) = -kA\sin(\omega t + \theta_0) \tag{A.27}$$

となる．したがって，

$$m\omega^2 = k \;\;\to\;\; \omega = \sqrt{\frac{k}{m}} \tag{A.28}$$

の関係を満たせば，$x = x(t) = A\sin(\omega t + \theta_0)$ は微分方程式の解となる．具体的な物体の運動は**初期条件**から決められる．例えば，時刻 $t = 0$ において，$x_0 = x(0) = x_\mathrm{m}$, $v_0 = v(0) = 0$ とすれば，振幅が $A = x_\mathrm{m}$, 初期位相が $\theta_0 = \dfrac{\pi}{2}$ となり，$x = x(t) = x_\mathrm{m}\cos(\omega t)$ が得られる．

[例 2] 質量 m の物体の落下運動について，空気抵抗がある場合には物体の速度に比例した抵抗が運動方向と逆向きにはたらく．この運動方程式は，y 軸上向きを鉛直上向きにとって，$ma = -\gamma v - mg$ で与えられる．ここで，γ は比例定数，g は重力加速度の大きさである．このとき，時刻 t における物体の速度 $v = v(t)$ を求めよ．ただし，$v_0 = v(0) = 0$ とする．

[**例解**]　加速度 a は速度の時間に関する微分で与えられるから，運動方程式は，

$$m\frac{dv}{dt} = -\gamma v - mg \tag{A.29}$$

で与えられる．この微分方程式は変数分離の方法で解くことができる．まず，

$$\frac{dv}{\frac{\gamma}{m}v + g} = -dt \tag{A.30}$$

と変形して，それぞれ両辺を積分すると，

$$\int_0^v \frac{dv}{\frac{\gamma}{m}v + g} = -\int_0^t dt = -t \tag{A.31}$$

となるが，左辺の積分は，

$$\int_0^v \frac{dv}{\frac{\gamma}{m}v + g} = \frac{m}{\gamma}\left[\ln\left(\frac{\gamma}{m}v + g\right)\right]_0^v = \frac{m}{\gamma}\left[\ln\left(\frac{\gamma}{m}v + g\right) - \ln g\right] = \frac{m}{\gamma}\ln\left(\frac{\frac{\gamma}{m}v + g}{g}\right) \tag{A.32}$$

となる．ここで，$\ln$ は底が e の $\log$ である ($\ln = \log_e$)．これから，

$$\frac{m}{\gamma}\ln\left(\frac{\frac{\gamma}{m}v + g}{g}\right) = -t \quad \rightarrow \quad v = v(t) = -\frac{mg}{\gamma}\left[1 - \exp\left(-\frac{\gamma}{m}t\right)\right] \tag{A.33}$$

となる．このように，落下する物体に空気抵抗がはたらく場合，物体の速度は徐々にその大きさが減少し，最終的には**終端速度**とよばれる一定値，$v_{終端} = v(\infty) = -\frac{mg}{\gamma}$ に近づく．

A.4　仕事と位置エネルギーの積分による表現

第 11 章で取り上げたように，位置 y における質量 m の物体が蓄える重力による位置エネルギーは，地面 ($y = 0$) から y の高さまで物体を重力に逆らって持ち上げるのに要した仕事に等しく，この値は F-y グラフの面積に等しい．したがって，これらの関係は積分を使って，

$$U(y) - U(0) = -\int_0^y dy\,(-mg) = mgy \tag{A.34}$$

のように表すことができる．この積分の中の $-mg$ が重力である．今，鉛直上向きを y 軸正の向きとしているので，ベクトル量としての重力は負符号がつくのに注意しよう．同様に，ばね定数 k のばねを x だけ伸ばしたときに，ばねが蓄えるエネルギー (弾性エネルギー) は，ばねの弾性力に逆らってした仕事に等しく，この仕事は F-x グラフの面積に等しい．したがって，これらの関係も積分を使って，

$$U(x) - U(0) = -\int_0^x dx\,(-kx) = \frac{1}{2}kx^2 \tag{A.35}$$

のように表すことができる．このように，物体の蓄える位置エネルギーは，重力や弾性力などのように**保存力**の積分で表すことができる．そこで，一般に x 軸上を運動する物体にはたらく力 (保存力) を $F = F(x)$ とすると，位置エネルギー $U = U(x)$ は，

$$U(x) - U(0) = -\int_0^x dx\, F(x) \tag{A.36}$$

で与えられる．これから，逆に力 $F = F(x)$ は，

$$F(x) = -\frac{d}{dx}U(x) \tag{A.37}$$

と位置エネルギーの位置 x に関する微分により得ることができる．したがって，物体がしたがう運動方程式は，

$$m\frac{d^2 x}{dt^2} = F(x) = -\frac{d}{dx}U(x) \tag{A.38}$$

と右辺が位置エネルギーの微分で表すことができる．これを<u>3次元空間</u>を運動する物体について拡張すると，左辺は位置ベクトル $\boldsymbol{r} = (x, y, z)$ の時間に関する2階微分，右辺は nabla (ナブラ) とよばれる<u>微分演算子</u> $\nabla = \left(\dfrac{\partial}{\partial x}, \dfrac{\partial}{\partial y}, \dfrac{\partial}{\partial z}\right)$ を用いて，

$$m\frac{d^2 \boldsymbol{r}}{dt^2} = \boldsymbol{F} = -\nabla U \tag{A.39}$$

で与えられる．ここで，U は $\boldsymbol{r} = (x, y, z)$ の関数で $U = U(\boldsymbol{r})$ であり，$\boldsymbol{F} = \boldsymbol{F}(\boldsymbol{r})$ は力ベクトル，$\dfrac{\partial}{\partial x}$ などは，x に関する<u>偏微分</u>を表す．

A.5　エネルギー原理の一般的証明

ここでは，第11章で取り上げた，運動エネルギーと仕事の関係 (エネルギーの原理) を運動方程式から一般的に示そう．

運動方程式 (A.39) の両辺に $d\boldsymbol{r} = (dx, dy, dz)$ をかけて (内積をとって)，区間 $\boldsymbol{r}_A$ から $\boldsymbol{r}_B$ まで積分すると，

$$m\int_{\boldsymbol{r}_A}^{\boldsymbol{r}_B} d\boldsymbol{r} \cdot \frac{d^2 \boldsymbol{r}}{dt^2} = \int_{\boldsymbol{r}_A}^{\boldsymbol{r}_B} d\boldsymbol{r} \cdot \boldsymbol{F} \tag{A.40}$$

となるが，右辺はこの間に力 $\boldsymbol{F}$ がした仕事 W_{AB} である．一方，左辺は，

$$m\int_{\boldsymbol{r}_A}^{\boldsymbol{r}_B} d\boldsymbol{r} \cdot \frac{d^2 \boldsymbol{r}}{dt^2} = m\int_{t_A}^{t_B} dt \frac{d\boldsymbol{r}}{dt} \cdot \frac{d^2 \boldsymbol{r}}{dt^2} = \int_{t_A}^{t_B} dt \frac{d}{dt}\left(\frac{1}{2}m\frac{d\boldsymbol{r}}{dt}\right)^2$$
$$= \int_A^B d\left(\frac{1}{2}m\boldsymbol{v}^2\right) = \frac{1}{2}m\boldsymbol{v}_B^2 - \frac{1}{2}m\boldsymbol{v}_A^2 \tag{A.41}$$

となる．ここで，$\boldsymbol{v} = \dfrac{d\boldsymbol{r}}{dt}$ は速度ベクトル，$\boldsymbol{v}_A (\boldsymbol{v}_B)$ は $\boldsymbol{r}_A(\boldsymbol{r}_B)$ における速度ベクトルである．したがって，

$$\frac{1}{2}m\boldsymbol{v}_B^2 - \frac{1}{2}m\boldsymbol{v}_A^2 = W_{AB} \tag{A.42}$$

となる．これは，運動エネルギーの変化量がその間になされた仕事に等しい，つまり，エネルギーの原理を示している．

A.6 エネルギー保存則の一般的証明

物体が力を受けて運動するとき，その力が保存力の場合，力学的エネルギー E は時間に関係なく一定となる．ここでは，第 12 章で取り上げた力学的エネルギー保存則を一般的に運動方程式から証明しよう．

運動方程式 (A.39) の両辺に $\dfrac{d\bm{r}}{dt}$ をかける (内積をとる) と，

$$m \frac{d\bm{r}}{dt} \cdot \frac{d^2\bm{r}}{dt^2} = -\frac{d\bm{r}}{dt} \cdot \nabla U$$

となる．まず，左辺は

$$m \frac{d\bm{r}}{dt} \cdot \frac{d^2\bm{r}}{dt^2} = \frac{d}{dt}\left(\frac{1}{2}m\frac{d\bm{r}}{dt}\right)^2 = \frac{d}{dt}\left(\frac{1}{2}m\bm{v}^2\right) \tag{A.43}$$

と変形できる．ただし，$\bm{v} = \dfrac{d\bm{r}}{dt}$ は速度ベクトルである．一方，右辺は

$$-\frac{d\bm{r}}{dt} \cdot \nabla U = -\frac{d}{dt}U(\bm{r}(t)) = -\frac{d}{dt}U(\bm{r}) \tag{A.44}$$

と変形できる ($\bm{r} = \bm{r}(t)$) から，まとめると，

$$\frac{d}{dt}\left(\frac{1}{2}m\bm{v}^2 + U(\bm{r})\right) = \frac{dE}{dt} = 0 \tag{A.45}$$

となる．ここで，E は力学的エネルギー

$$E = \frac{1}{2}m\bm{v}^2 + U(\bm{r}) \tag{A.46}$$

であるので，$\dfrac{dE}{dt}$ は，単位時間当たりの力学的エネルギーの変化量を表している．これがゼロであるということは，力学的エネルギーは時間に関係なく一定であるということであり，したがって，力学的エネルギー保存則を表す．

A.7 運動量と力積の一般的な関係式

ここでは，第 13 章で示した運動量と力積の関係式を一般的な場合について示しておこう．ここでも，出発点は式 (A.39) の運動方程式である．

3 次元空間中を運動している物体の時刻 $t_A (t_B)$ における物体の位置および速度をそれぞれ，$\bm{r}_A (\bm{r}_B)$，$\bm{v}_A (\bm{v}_B)$ とする．運動方程式 (A.39) の両辺に dt をかけて，区間 t_A から t_B まで積分すると，

$$m \int_{t_A}^{t_B} dt \frac{d^2\bm{r}}{dt^2} = \int_{t_A}^{t_B} dt \bm{F} \tag{A.47}$$

となるが，右辺はこの間に力 $\bm{F}$ による力積である．一方，左辺は，

A.7 運動量と力積の一般的な関係式

$$m \int_{t_A}^{t_B} dt \frac{d^2 \boldsymbol{r}}{dt^2} = m \int_{t_A}^{t_B} dt \frac{d}{dt}\left(\frac{d\boldsymbol{r}}{dt}\right) = m \int_{\boldsymbol{v}_A}^{\boldsymbol{v}_B} d(\boldsymbol{v})$$
$$= m\left[\boldsymbol{v}\right]_{\boldsymbol{v}_A}^{\boldsymbol{v}_B} = m\boldsymbol{v}_A - m\boldsymbol{v}_B \quad (A.48)$$

となる．したがって，

$$m\boldsymbol{v}_A - m\boldsymbol{v}_B = \int_{t_A}^{t_B} dt \boldsymbol{F} \quad (A.49)$$

となる．これは，運動量の変化量がその間物体に与えられた力積に等しいことを表している．

参考文献

本書を作成するにあたり参考にしたテキストを以下に挙げる (この場を借りてお礼申し上げます). この教科書を一通り勉強した後, さらに理解を深める為にこれらテキストの一読を勧める.

参考にさせて頂いたテキスト一覧

[1] 高橋正雄著「基礎と演習 理工系の力学」共立出版.

[2] 岡田静雄, 服部忠一朗, 高木淳, 村中正「力学 講義ノート」共立出版.

[3] 力学教科書編集委員会編「大学生のための力と運動の基礎」培風館.

[4] D. ハリディ, R. レスニック, J. ウォーカー著, 野崎光昭監訳「物理学の基礎 [1] 力学」培風館.

[5] 金原粲編著, 魚住清彦, 金原勲, 高橋雅江, 富谷光良著「基礎物理 1 運動・力・エネルギー」実教出版.

演習問題解答

1 章の演習問題解答

1.1 $1 \text{ km} = 1 \times 10^3 \text{ m}$, $1 \text{ mm} = 1 \times 10^{-3} \text{ m}$, $1 \text{ cm} = 1 \times 10^{-2} \text{ m}$.

1.2 $1 \text{ g} = 1 \times 10^{-3} \times 10^3 \text{ g} = 1 \times 10^{-3} \text{ kg}$, $1 \text{ kg} = 1 \times 10^3 \text{ g}$.

1.3 $1 \text{ h} = 3600 \text{ s} = 3.6 \times 10^3 \text{ s}$,

$$1 \text{ s} = \frac{1}{3.6 \times 10^3} \text{ h} = 0.277 \cdots 10^{-3} \text{ h} \simeq 2.8 \times 10^{-4} \text{ h (有効数字 2 桁)}.$$

1.4 $1013 \text{ hPa} = 1.013 \times 10^3 \times 10^2 \text{ N/m}^2 = 1.013 \times 10^5 \text{ N/m}^2$. これを 1 **気圧** という.

1.5 $\rho = 1 \text{ g/cm}^3 = \dfrac{1 \times 10^{-3} 10^3 \text{ g}}{(1 \times 10^{-2} \text{ m})^3} = \dfrac{1 \times 10^{-3} \text{ kg}}{1 \times 10^{-6} \text{ m}^3} = 1 \times 10^{-3+6} \text{ kg/m}^3 = 1 \times 10^3 \text{ kg/m}^3$.

$1 \text{ kg/m}^3 = \dfrac{1 \times 10^3 \text{ g}}{(1 \times 10^2 \text{ cm})^3} = \dfrac{1 \times 10^3 \text{ g}}{1 \times 10^6 \text{ cm}^3} = 1 \times 10^{-3} \text{ g/cm}^3$ (cm^3 は $(\text{cm})^3$ のことなので注意)

1.6 $p_a = \rho g h = 13.5951 \times 10^3 \text{ kg/m}^3 \times 9.80665 \text{ m/s}^2 \times 760 \text{ mm}$

$= 13.5951 \times 10^3 \times 9.80665 \times 7.60 \times 10^2 \times 10^{-3} \text{ kg/m}^3 \times \text{m/s}^2 \times \text{m}$

$= 1013.25 \cdots \times 10^{3+2-3} \text{ kg} \cdot \text{m/s}^2 \times 1/\text{m}^2 \simeq 1031 \times 10^2 \text{ N/m}^2$

$= 1.013 \times 10^5 \text{ Pa } (= 1031 \text{ hPa})$.

2 章の演習問題解答

2.1 変位: $\Delta x = x_3 - x_0 = 3.0 \text{ m}$, 移動距離: $|\Delta x| = 3.0 \text{ m}$,

平均の速度: $\bar{v} = \dfrac{\Delta x}{\Delta t} = \dfrac{3.0}{3} = 1.0 \text{ m/s}$ 平均の速さ: $|\bar{v}| = \dfrac{|\Delta x|}{\Delta t} = 1.0 \text{ m/s}$

2.2 変位: $\Delta x = x_4 - x_1 = -6.0 \text{ m}$, 移動距離: $|\Delta x| = 6.0 \text{ m}$,

平均の速度: $\bar{v} = \dfrac{\Delta x}{\Delta t} = \dfrac{-6.0}{3} = -2.0 \text{ m/s}$ (x 軸負の向きに 2.0 m/s)

平均の速さ: $|\bar{v}| = \dfrac{|\Delta x|}{\Delta t} = 2.0 \text{ m/s}$

2.3 平均の速さ: $|\bar{v}| = 900 \text{ km/h} = \dfrac{900 \times 10^3 \text{ m}}{3.6 \times 10^3 \text{ s}} = 250 \text{ m/s}$, 時間 $t = \dfrac{1000 \text{ m}}{250 \text{ m/s}} = 4 \text{ s}$

2.4 平均の速さ: $|\bar{v}| = \dfrac{15 \times 10^{-3} \text{ km}}{1 \times 1/3600 \text{ h}} = 15 \times 3.6 = 54 \text{ km/h}$, 距離 $d = 54 \times 0.5 = 27 \text{ km}$

2.5 時間: $t = \dfrac{1.5 \times 10^8 \times 10^3 \text{ m}}{3.0 \times 10^8 \text{ m/s}} = 0.5 \times 10^3 = 500$ s (8 分 20 秒)

(ある日突然太陽が消えてしまったとすると，地球上でそれに気づくのは約 8 分後である.)

2.6 平均の速度: $\bar{v} = \dfrac{-6}{5} = -1.2$ m/s であるから，これが物体の速度 $v = v(t) = v_0$ ($v_0 = -1.2$ m/s) に等しい．一方，物体の位置は $x = x(t) = x_0 + v_0 t = 6 - 1.2t$ で与えられるから，v-t グラフ，x-t グラフはそれぞれ下のようになる．$x_1 = x(1) = 4.8$ m, $x_6 = x(6) = -1.2$ m. 変位: $\Delta x = x_6 - x_1 = -6.0$ m.

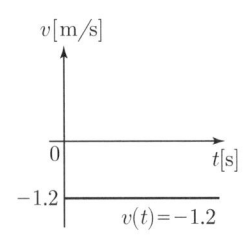

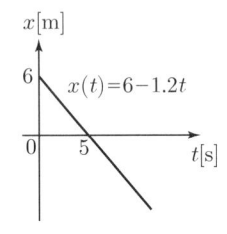

3 章の演習問題解答

3.1 速度の変化量: $\Delta v = v_6 - v_4 = -6$ m/s, 平均の加速度: $\bar{a} = \dfrac{\Delta v}{\Delta t} = \dfrac{-6}{2} = -3$ m/s^2

3.2 速度の変化量: $\Delta v = v_4 - v_2 = 8$ m/s, 平均の加速度: $\bar{a} = \dfrac{\Delta v}{\Delta t} = \dfrac{8}{2} = 4$ m/s^2

3.3 3 秒後に速度は $3 \times 3 = 9$ m/s だけ増えるから，$v = 6 + 9 = 15$ m/s

3.4 3 秒後に速度は $-2 \times 5 = -10$ m/s だけ減るから，$v = 3 - 10 = -7$ m/s．物体は最初正の向きに徐々に減速しながら進み，1.5 秒後に一瞬速度がゼロになり，その後向きを変え，負の向きに徐々に加速しながら進む．

3.5 物体は 1 秒当たり速度が 2 m/s だけ減る．2 秒前，つまり 4 m/s だけ減って $v = 2$ m/s になったので，2 秒前の速度は $v = 6$ m/s．

3.6 速度の変化量 $\Delta v = v_B - v_A = 8$ m/s より，時間: $t = \dfrac{\Delta v}{a} = \dfrac{8 \text{ m/s}}{2 \text{ m/s}^2} = 4$ s.

移動距離: $|\Delta x| = \dfrac{v_B^2 - v_A^2}{2a} = \dfrac{10^2 - 2^2}{2 \times 2} = 24$ m.

3.7 等加速度運動の式を用いると，

速度: $v_4 = v(4) = 1.2 + 1 \times 4 = 5.2$ m/s,

変位: $\Delta x = x_4 - x_0 = 1.2 \times 4 + \dfrac{1}{2} \times 1 \times 4^2 = 12.8$ m $\simeq 13$ m,

位置: $x_4 = x_0 + \Delta x \simeq 16$ m

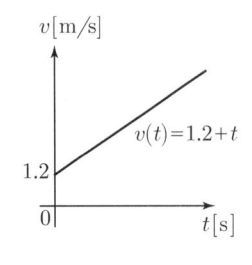

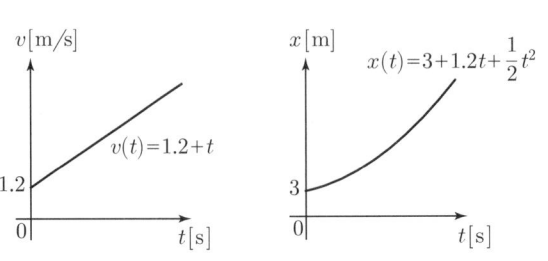

3.8 加速度を a とすると，$a = \dfrac{-2.0 - 2.0}{4} = -1.0$ m/s^2．したがって，速度: $v(t) = 2.0 - t$,

位置: $x(t) = 3.0 + 2.0t - \dfrac{1}{2}t^2$ となる．$v_6 = v(6) = -4.0$ m/s, $x_6 = x(6) = -3.0$ m.

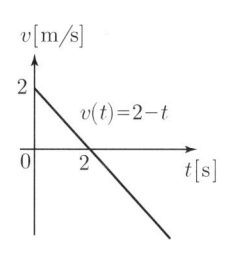

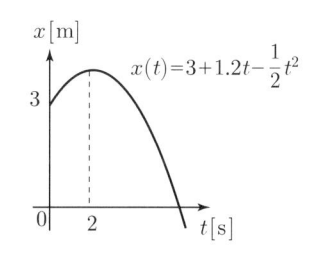

3.9 等加速度運動の変位と位置の関係を表す式より, $v^2 - v_0^2 = 2a(x - x_0)$ → $6^2 - 2^2 = 2 \times a(10-2)$ → $32 = 16a$. したがって, $a = 2.0 \text{ m/s}^2$. 速度: $v(t) = 2+2t$, $x(t) = 2+2t+t^2$. かかった時間は, $t = \dfrac{v-2}{2} = \dfrac{6-2}{2} = 2.0$ s.

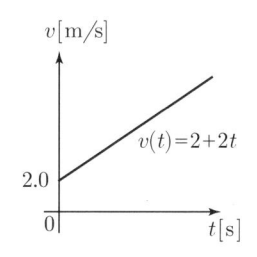

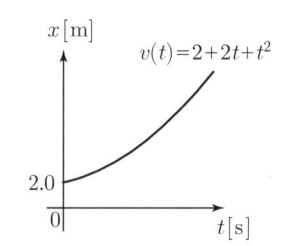

3.10 (1) v-t グラフの傾きが加速度を表すから, 各時間領域において, それぞれ,

$a_\text{I} = \dfrac{2-0}{1-0} = 2 \text{ m/s}^2\ (0 \leq t \leq 1 \text{ s}),\quad a_\text{II} = 0 \text{ m/s}^2\ (1 \text{ s} \leq t \leq 2 \text{ s}),$

$a_\text{III} = \dfrac{-1-2}{5-2} = -1 \text{ m/s}^2 (2 \text{ s} \leq t \leq 5 \text{ s}),\quad a_\text{IV} = 0 \text{ m/s}^2 (5 \text{ s} \leq t \leq 6 \text{ s}).$

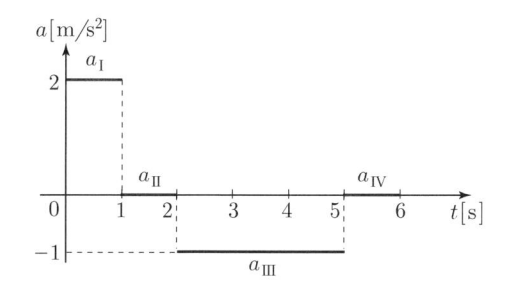

(2) $t = 4$ s までの変位: $x_4 - x_0 = \dfrac{1}{2} \times 1 \times 2 + 1 \times 2 + \dfrac{1}{2} \times 2 \times 2 = 5$ m,

$t = 6$ s までの変位:

$$x_6 - x_0 = \dfrac{1}{2} \times 1 \times 2 + 1 \times 2 + \dfrac{1}{2} \times 2 \times 2 - \dfrac{1}{2} \times 1 \times 1 - 1 \times 1 = 3.5 \text{ m}.$$

$x_0 = 0$ なので, 物体の変位と位置は等しい. したがって, $x_4 = 5$ m, $x_6 = 3.5$ m.

(3) 物体が最も原点から遠ざかるのは, 物体の速度がゼロになる時刻 t=4 s のときであるから, (2) より, $x_4 = 5$ m.

3.11 (1) 加速度を a_I とすると, $a_\text{I} = \dfrac{16}{40} = 0.40 \text{ m/s}^2$ (有効数字 2 桁).

(2) 進んだ距離を d とすると, $d = \dfrac{1}{2} \times 0.40 \times 40^2 = 3.2 \times 10^2$ m.

(3) 加速度を a_{III} とすると，$a_{\mathrm{III}} = -\dfrac{16}{32} = -0.50$ m/s^2.

(4) 速度を v とすると，速度と変位 (移動距離) の関係式から，$v^2 - 16^2 = 2 \times (-0.50) \times 64$ より，$v = \sqrt{16^2 - 64} = 13.85\cdots \simeq 14$ m/s.

(5)

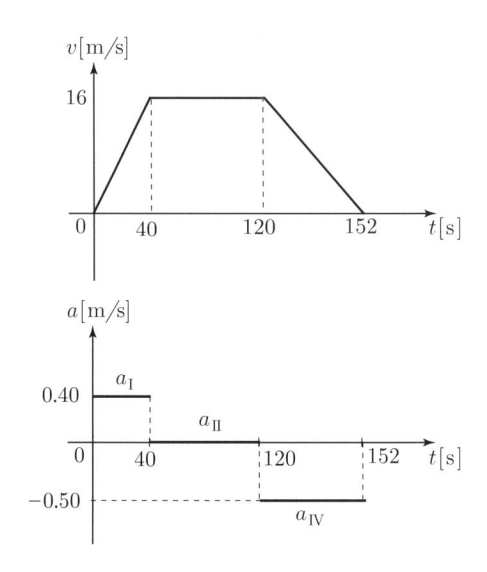

(6) 各時間領域における加速度は，それぞれ，$a_{\mathrm{I}} = 0.40$ m/s^2 (0 s $\leq t \leq 40$ s)，$a_{\mathrm{II}} = 0 (40$ s $\leq t \leq 80$ s)，$a_{\mathrm{III}} = -0.50$ m/s^2 (80 s $\leq t \leq 112$ s).

3.12 まず，時速を秒速に直しておくと，$v = 36$ km/h $= \dfrac{36 \times 10^3 \,\mathrm{m}}{3600 \,\mathrm{s}} = 10$ m/s. ブレーキをかけてから止まるまでに自動車が走る距離 d は，等加速度運動における速度と変位の関係式から，$0^2 - 10^2 = 2 \times (-4.0)d$ より，$d = 12.5$ m. 一方，障害物を発見してからブレーキをかけるまでに自動車は，$10 \times 0.6 = 6$ m 進んでいるから，合計，$12.5 + 6 = 18.5 \simeq 19$ m (有効数字 2 桁) だけ進んでいる．

4 章の演習問題解答

4.1 式 (4.8) より，衝突するまでの時間: $t_{\mathrm{c}} = \sqrt{\dfrac{2h}{g}} = \sqrt{\dfrac{2 \times 44.1}{9.8}} = 3.0$ s (有効数字 2 桁).
速度: $v_{\mathrm{c}} = -gt_{\mathrm{c}} = -9.8 \times 3 = -29.4 \simeq -29$ m/s (鉛直下向きに 29 m/s).

4.2 地上から橋までの高さを h とすると，$h = \dfrac{1}{2}gt_{\mathrm{c}}^2$ ($t_{\mathrm{c}} = 2$ s は落下時間) が成り立つから，$h = \dfrac{1}{2} \times 9.8 \times 2^2 = 19.6$ m. また，地上に達する直前の物体の速度を v_{c} とすると，$v_{\mathrm{c}} = -gt_{\mathrm{c}} = -9.8 \times 2 = -19.6$ m/s (鉛直下向きに 19.6 m/s).

4.3 地上に達するまでの時間 t_{c} は，ビルの高さを $h = 78.4$ m として

$$t_{\mathrm{c}} = \sqrt{\dfrac{2h}{g}} = \sqrt{\dfrac{2 \times 78.4}{9.8}} = 4.0 \text{ s (有効数字 2 桁)}.$$

地上に達する直前の速度 v_{c} は，$v_{\mathrm{c}} = -gt_{\mathrm{c}}$ より $v_{\mathrm{c}} = -9.8 \times 4 = -39.2 \simeq -39$ m/s (鉛直下向きに 39 m/s).

4.4 鉛直投げ上げ運動の式を使えばよいが、初期位置が少し異なるので注意が必要である。鉛直上向きを y 軸正の向きにとり、初速度を $v_0 = v(0) = 19.6$ m、初期位置を $y_0 = y(0) = 24.5$ m とすると、時刻 t におけるボールの速度および位置を表す式は、それぞれ、$v = v(t) = v_0 - gt$, $y = y(t) = y_0 + v_0 t - \frac{1}{2}gt^2$.

(1) 求める時間を t_c とすると、$y(t_c) = 0$ から、

$$y_0 + v_0 t_c - \frac{1}{2}gt_c^2 = 0 \quad \rightarrow \quad t_c = \frac{v_0 + \sqrt{v_0^2 + 2gh}}{g} \quad (t_c > 0 \text{ より}),$$

この式に数値を代入すると、

$$t_c = \frac{19.6 + \sqrt{(19.6)^2 + 2 \times 9.8 \times 24.5}}{9.8} = 5.0 \text{s} \quad (\text{有効数字 2 桁}).$$

(2) 速度の式に $t = t_c$ を代入すればよいから、衝突直前の速度は $v_c = v(t_c) = v_0 - gt_c = -\sqrt{v_0^2 + 2gh}$. これに数値を代入すると $v_c = -\sqrt{(19.6)^2 + 2 \times 9.8 \times 24.5} = -29.4 \simeq -29$ m/s (鉛直下向きに 29 m/s) となる。

(3) 最高点 y_m に達する時の時間を t_m すると、$v(t_m) = 0$ となるから、$v_0 - gt_m = 0$ より、$t_m = \frac{v_0}{g} = \frac{19.6}{9.8} = 2.0$ s となる。地面から測った高さ (y_m) は、位置を表す式に t_m を代入すればよいから、

$$y_m = y(t_m) = y_0 + v_0 t_m - \frac{1}{2}gt_m^2 = 24.5 + 19.6 \times 2 - \frac{1}{2} \times 9.8 \times 4 = 44.1 \simeq 44 \text{ m}.$$

4.5 ボールの運動は地上からみると鉛直投げ上げ運動となる。鉛直上向きを y 軸正の向きとして、ボールの初速度 $v_0 = v(0) = 4.9$ m/s, 初期位置 $y_0 = y(0) = 100$ m とすると、時刻 t におけるボールの速度および位置はそれぞれ、

$$v = v(t) = v_0 - gt, \quad y = y(t) = y_0 + v_0 t - \frac{1}{2}gt^2.$$

(1) これは初速度に他ならないから、$v_0 = v(0) = 4.9$ m/s
(2) ボールの速度がゼロになる時の時間を t_m とすると、$v(t_m) = 0$ から、

$$v_0 - gt_m = 0 \quad \rightarrow \quad t_m = \frac{v_0}{g} = \frac{4.9}{9.8} = 0.5 \text{ s}.$$

(3) 気球ゴンドラは速度 v_0 の等速度運動であるから、高さ $h_{気球}$ は $h_{気球} = h + v_0 t_m = 100 + 4.9 \times 0.5 = 102.45 \simeq 102$ m (有効数字 3 桁) となる。

(4) ボールが地上に達する時刻を t_c とすると、$y(t_c) = 0$ より、

$$y_0 + v_0 t_c + \frac{1}{2}gt_c^2 = 0 \quad \rightarrow \quad t_c = \frac{v_0 + \sqrt{v_0^2 + 2gy_0}}{g} \quad (t_c > 0).$$

これに数値を代入すると、$t_c = \frac{4.9 + \sqrt{4.9^2 + 2 \times 9.8 \times 100}}{9.8} = 5.04513 \cdots = 5.05$ s となる。また、気球ゴンドラの地上からの高さ $h'_{気球}$ は $h'_{気球} = 100 + 4.9 \times 5.04513 = 124.721 \cdots \simeq 125$ m となる。

4.6 速度:$v(t) = v_0 - gt$, 位置:$x(t) = h + v_0 t - \frac{1}{2}gt^2$. ここで、$v_0 < 0$ に注意。$x(t_c) = 0$ より、$gt_c^2 - 2v_0 t_c - 2h = 0$ と t_c に関する 2 次方程式が得られるから、$t_c > 0$ に注意して、$t_c = \frac{v_0 + \sqrt{v_0^2 + 2gh}}{g}$. したがって、$v_c = v(t_c) = -\sqrt{v_0^2 + 2gh}$.

5 章の演習問題解答

5.1 (1) 鉛直方向は自由落下運動であるから,崖の高さを h, $t_c = 2.0$ s とすると,$h = \frac{1}{2}gt_c^2$ が成り立つから,$h = \frac{1}{2} \times 9.8 \times 4 = 19.6$ m $\simeq 20$ m (有効数字 2 桁).

(2) 水平方向は等速度運動であるから,水平距離を d とすると,$d = v_0 t_c$ より,$d = 5.0 \times 2 = 10$ m となる.

(3) 鉛直方向の速度 v_c は,$v_c = -gt_c$ であるから,$v_c = -9.8 \times 2 = -19.6$ m/s となる.したがって,求める速さ v は,$v = \sqrt{v_0^2 + v_c^2} = \sqrt{25 + (19.6)^2} = 20.2277\cdots \simeq 20$ m/s.

5.2 $v_0 = 198$ km/h $= 198 \times \frac{1000}{3600} = 55$ m/s とする.物資を落としてから地面に着地するまでの時間 t_c は,鉛直方向の自由落下運動から,$t_c = \sqrt{\frac{2h}{g}}$ となるので,水平到達距離 $d(=\overline{OA})$ は,$d = v_0 t_c = v_0\sqrt{\frac{2h}{g}}$ で与えられる.これから,$\tan\phi = \frac{d}{h} = \frac{v_0}{h}\sqrt{\frac{2h}{g}} = v_0\sqrt{\frac{2}{gh}}$ となるから,$\phi = \tan^{-1}\left(v_0\sqrt{\frac{2}{gh}}\right)$ となる.数値を代入すると,$\phi = \tan^{-1}\left(55 \times \sqrt{\frac{2}{9.8 \times 500}}\right) = \tan^{-1}(1.11117\cdots) = 48.0142 \simeq 48°$.

5.3 (1) 鉛直方向は鉛直投げ上げ運動であるから,最高点 y_m に達するまでの時間を t_m とすると,$y_m = \frac{1}{2}gt_m^2$ が成り立つ.したがって,$t_m = \sqrt{\frac{2y_m}{g}} = \sqrt{\frac{2 \times 44.1}{9.8}} = 3.0$ s (有効数字 2 桁).

(2) 物体が水平到達距離 $d = 24$ m に達するまでに,$2t_m$ の時間が経過している.水平方向の運動は速度 v_{0x} の等速度運動であるから,$v_{0x} = \frac{d}{2t_m} = \frac{24}{6} = 4.0$ m/s となる.

(3) 物体が最高点に達する時,鉛直方向の速度成分はゼロであるから,$v_{0y} - gt_m = 0$ が成り立つので,$v_{0y} = gt_m = 9.8 \times 3 = 29.4 \simeq 29$ m/s.

5.4 (1) 物体が最高点に達した時の鉛直方向成分の速度はゼロであるから,速度は水平方向成分の初速度 v_{0x} に等しい.したがって,$v_{0x} = v_0 \cos\theta_0 = 19.6 \times \cos(30°) = 19.6 \times \frac{\sqrt{3}}{2} = 16.954 \simeq 17$ m/s(有効数字 2 桁) となる.

(2) 最高点に達するまでの時間を t_m とすると,鉛直投げ上げ運動の式から,$v_0 \sin\theta_0 - gt_m = 0$ が成り立つので,$t_m = \frac{v_0 \sin\theta_0}{g} = \frac{19.6 \times \sin(30°)}{9.8} = 1.0$ s となる.

(3) 最高点の高さを y_m とすると,$y_m = \frac{1}{2}gt_m^2$ から,$y_m = \frac{1}{2} \times 9.8 \times 1 = 4.8$ m.

(4) 求める時間 t_c は物体が最高点に達する時間の 2 倍であるから,$t_c = 2t_m = 2.0$ s.

(5) 水平到達距離を d とすると,$d = (v_0 \cos\theta_0)t_c$ より,

$$d = (19.6 \times \cos(30°)) \times 2 = 19.6 \times \frac{\sqrt{3}}{2} \times 2 = 33.908 \simeq 34 \text{ m}.$$

5.5 (1) 初速度 v_0 の x 軸方向成分を v_{0x} とすると,これは速度の分解より,$v_{0x} = v_0 \cos\theta_0$ で与えられる.x 軸方向の運動は等速度運動で $d = v_{0x}t_P = (v_0 \cos\theta)t_P$ が成り立つから,$t_P = \frac{d}{v_0 \cos\theta_0}$.

(2) 初速度 v_0 の y 軸方向成分を v_{0y} とすると,これは速度の分解より,$v_{0y} = v_0 \sin\theta_0$ で与えられる.y 軸方向の運動は鉛直投げ上げ運動で,石の高さ $y = y(t)$ は $y = y(t) = v_{0y}t - \frac{1}{2}gt^2 = (v_0 \sin\theta_0)t - \frac{1}{2}gt^2$ で与えられるから,前問の t_P を代入して,

$$y_P = y(t_P) = (v_0 \sin\theta_0)\frac{d}{v_0 \sin\theta_0} - \frac{1}{2}g\left(\frac{d}{v_0 \sin\theta_0}\right)^2 = d\tan\theta_0 - \frac{gd^2}{2v_0^2 \cos^2\theta_0}.$$

(3) 高さ h からの自由落下運動であるから, $y_猿 = h - \frac{1}{2}gt_P^2 = h - \frac{gd^2}{2v_0^2 \cos^2\theta_0}$.

(4) $\frac{h}{d} = \tan\theta$ より, $h = d\tan\theta$ である.

(5) (4) の結果を (3) の h に代入すると, 確かに $y_P = y_猿$ となる.

5.6 (1) 水平方向は等速度運動であるから, もとめる時間を t_c とすると, $d = (v_0\cos\theta_0)t_c$ から, $t_c = \frac{d}{v_0 \cos\theta_0}$ となる.

(2) 鉛直方向は鉛直投げ上げ運動であるから, $(v_0\sin\theta_0)t_c - \frac{1}{2}gt_c^2 = 0$ が成り立つので, $t_c \neq 0$ に注意して $t_c = \frac{2v_0\sin\theta_0}{g}$ が求まる.

(3) (1) と (2) の結果から,

$$\frac{d}{v_0\cos\theta_0} = \frac{2v_0\sin\theta_0}{g} \quad\to\quad \sin(2\theta_0) = \frac{gd}{v_0^2} \quad\to\quad \theta_0 = \frac{1}{2}\sin^{-1}\left(\frac{gd}{v_0^2}\right)$$

となる. これに数値を代入すると,

$$\theta_0 = \frac{1}{2}\sin^{-1}\left(\frac{9.8 \times 560}{82^2}\right) = 27.3521\cdots \simeq 27.4°$$

となるが, $\theta_0 = \frac{1}{2}\sin^{-1}(x)$ のグラフを描くと図のように, 求める角度はもう一つあることが分かる. これは, グラフから $\theta_0 = 90 - 27.3521\cdots = 62.649\cdots \simeq 62.6°$ である. したがって, 求める角度は, $27.4°, 62.6°$ である.

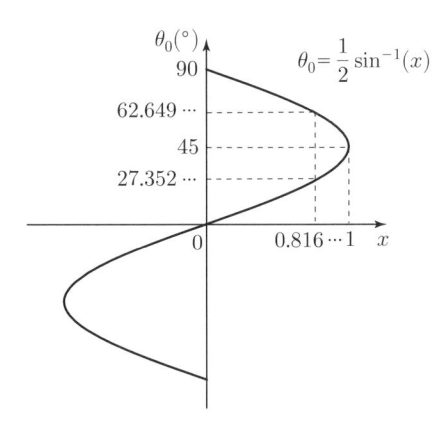

6 章の演習問題解答

6.1

度数法 (°)	30	60	90	120	150	210	240	270	300	330	360
弧度法 (rad)	$\frac{1}{6}\pi$	$\frac{1}{3}\pi$	$\frac{1}{2}\pi$	$\frac{2}{3}\pi$	$\frac{5}{6}\pi$	$\frac{7}{6}\pi$	$\frac{4}{3}\pi$	$\frac{3}{2}\pi$	$\frac{5}{3}\pi$	$\frac{11}{6}\pi$	2π

6.2 $\omega = \frac{v}{r} = \frac{3}{1} = 3.0$ rad/s, $T = \frac{2\pi}{\omega} = \frac{2\pi}{3} = 2.09\cdots \simeq 2.1$ s, $\frac{10}{T} = \frac{10}{2.09} = 4.784\cdots 4.8$ 回

6.3 $\omega = \dfrac{2\pi}{T} = 2.00$ rad/s, $v = r\omega = 4.00$ m/s, $a = r\omega^2 = 8.00$ m/s^2.

6.4 太陽から地球までの距離をrとする. $r = 1.5 \times 10^8$ km $= 1.5 \times 10^8 \times 10^3 = 1.5 \times 10^{11}$ m. 地球は1年で太陽の周りを一回転するから,周期Tは$T = 365 \times 24 \times 60 = 3.1536 \times 10^7$ s.
角速度:$\omega = \dfrac{2\pi}{T} = 1.99\cdots \times 10^{-7} = 2.0 \times 10^{-7}$ rad/s.
速さ:$v = r\omega = 1.5 \times 10^{11} \times 1.99\cdots \times 10^{-7} = 2.98 \cdots \times 10^4 \simeq 3.0 \times 10^4$ m/s.
向心加速度の大きさ:$a = r\omega^2 = v\omega = 2.98\cdots \times 10^4 \times 1.99 \times 10^{-7} = 5.94\cdots \times 10^{-3} \simeq 6.0 \times 10^{-3}$ m/s^2.

6.5 地球の半径をrとする. $r = 6.4 \times 10^3 \times 10^3 = 6.4 \times 10^6$ m. 地球は1日で一回転するから, 周期Tは$T = 24 \times 60 \times 60 = 8.64 \times 10^4$ s. 角速度:$\omega = \dfrac{2\pi}{T} = 0.726\cdots 10^{-4} \simeq 7.3 \times 10^{-5}$ rad/s.
速さ:$v = r\omega = 6.4 \times 10^6 \times 0.726\cdots \times 10^{-4} = 4.71\cdots 10^2 = 4.7 \times 10^2$ m/s.
向心加速度の大きさ:$a = r\omega^2 = v\omega = 4.71 \times 10^2 \times 0.726\cdots \times 10^{-4} = 3.41\cdots 10^{-2} = 3.4 \times 10^{-2}$ m/s^2.

7 章の演習問題解答

7.1 (1) 振幅:$A = 2$m, 角速度:$\omega = 2\pi$rad/s, 周期:$T = 1$s.
(2) 速度:$v_x = v_x(t) = -4\pi \sin(2\pi t)$.
(3) 加速度:$a_x = a_x(t) = -8\pi^2 \cos(2\pi t)$.
(4) $-\sin(2\pi t) = \pm 1$ となる時間を求めればよいから,最大:$t = 0.75$s, $x(0.75) = 0$, 最小:$t = 0.25$s, $x(0.25) = 0$.
(5) $-\cos(2\pi t) = \pm 1$ となる時間を求めればよいから,最大:$t = 0.5$s, $x(0.5) = -2$m, 最小:$t = 0$, $x(0) = 2$m.

7.2 位置:$y = y(t) = A\sin(\omega t)$, 速度:$v_y = v_y(t) = A\omega \cos(\omega t)$, 加速度:$a_y = a_y(t) = -A\omega^2 \sin(\omega t)$.

7.3 位置:$x = x(t) = A\cos(\omega t + \theta_0)$, 速度:$v_x = v_x(t) = -A\omega \sin(\omega t + \theta_0)$, 加速度:$a_x = a_x(t) = -A\omega^2(\omega t + \theta_0)$.

8 章の演習問題解答

8.1

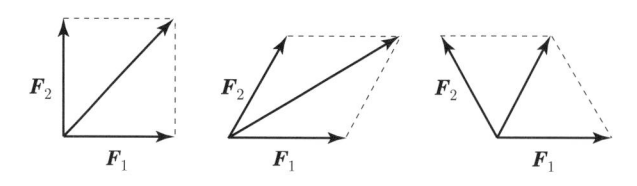

(1) $\sqrt{2}F$.
(2) $2F\cos(30°) = \sqrt{3}F$.
(3) F.

8.2 (1) 人にはたらいている力:重力mg, ロープからの張力T, 台からの垂直抗力$N(\times 2)$.
つり合いの式:$0 = T + 2N - mg \rightarrow T + 2N = mg \cdots$ ①
(2) 台にはたらいている力:重力Mg, ロープからの張力$T'(\times 2)$, 人が台を押す力 (垂直抗力の反作用力)$N(\times 2)$.
つり合いの式:$0 = 2T' - 2N - Mg \rightarrow 2T' = 2N + Mg \cdots$ ②

(3) 図から $T = 2T'$ が成り立つから，②は $T = 2N + Mg$ となる．これを①に代入すると，$2N = \frac{1}{2}(m-M)g$ が得られ，したがって，$T = \frac{1}{2}(m+M)g$. このロープが人を引く力 T と同じ大きさの力で人が下向きに引っ張りつりあいの状態に保たなければ，人は台とともに落下してしまう．したがって，人がロープを引く力：$\frac{1}{2}(m+M)g$

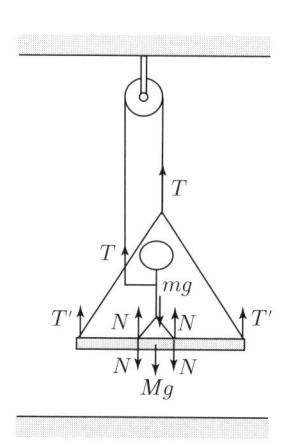

8.3 (1) 物体にはたらく力は，重力 mg と糸 I と糸 II からの張力 T_1 と T_2 である．
(2) T_1 について力の分解
水平方向: $T_1 \cos\theta$，鉛直方向: $T_1 \sin\theta$.
各方向に対するつりあいの条件式:
水平方向: $0 = T_2 - T_1\cos\theta \;\to\; T_2 = T_1\cos\theta \cdots$ ①
鉛直方向: $0 = T_1\sin\theta - mg \;\to\; mg = T_1\sin\theta \cdots$ ②
となる．
(3) ②より，$T_1 = \dfrac{mg}{\sin\theta}\cdots$③，③を①に代入すると，$T_2 = \dfrac{mg}{\sin\theta}\cos\theta = \dfrac{mg}{\tan\theta}$.

8.4 (1) 物体にはたらく力：
重力 mg と糸 I と糸 II からの張力 T_1 と T_2.
(2) T_1, T_2 について力の分解
水平方向：$T_1\cos(60°) = \dfrac{1}{2}T_1$，$T_2\cos(30°) = \dfrac{\sqrt{3}}{2}T_2$，
鉛直方向：$T_1\sin(60°) = \dfrac{\sqrt{3}}{2}T_1$，$T_2\sin(30°) = \dfrac{1}{2}T_2$.
各方向に対するつりあいの条件式：
水平方向：$0 = \dfrac{\sqrt{3}}{2}T_2 - \dfrac{1}{2}T_1 \;\to\; T_1 = \sqrt{3}T_2 \cdots$①
鉛直方向：$0 = \dfrac{\sqrt{3}}{2}T_1 + \dfrac{1}{2}T_2 - mg \;\to\; = \sqrt{3}T_1 + T_2 = 2mg \cdots$②.
(3) ①を②に代入すると，$3T_2 + T_2 = 2mg \;\to\; T_2 = \dfrac{1}{2}mg \cdots$③．③を②に代入すると，$T_1 = \dfrac{\sqrt{3}}{2}mg$.

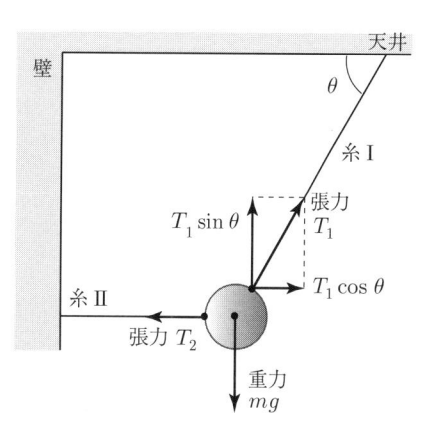

8.5 (1) 物体にはたらく力：重力 mg，斜面からの垂直抗力 N，糸からの張力 T． 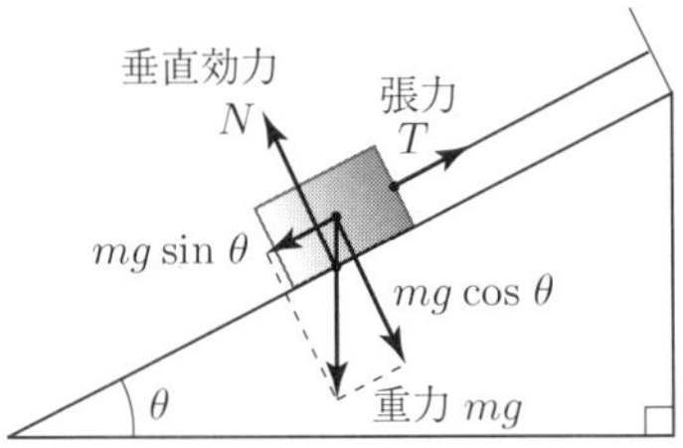
(2) 斜面に対する重力の水平方向成分：$mg\sin\theta$，斜面に対する重力の鉛直方向成分：$mg\cos\theta$
(3) 斜面に対する水平方向の力のつりあい：
$0 = mg\sin\theta - T \rightarrow T = mg\sin\theta$．
斜面に対する鉛直方向の力のつりあい：$0 = N - mg\cos\theta \rightarrow N = mg\cos\theta$．

8.6 (1) 物体にはたらく力：
重力 mg，斜面からの垂直抗力 N，静止摩擦力 F． 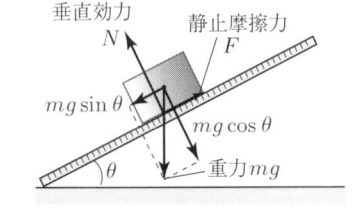
(2) 斜面に対する水平方向の力のつりあい：
$0 = mg\sin\theta - F \rightarrow F = mg\sin\theta$．
(3) 最大静止摩擦力 F_m は $F_\mathrm{m} = \mu N$ で与えられるが，このとき，$N = mg\cos\theta_\mathrm{c}$ より，$F_\mathrm{m} = \mu mg\cos\theta_\mathrm{c}$．一方，(2) より，$F_\mathrm{m} = mg\sin\theta_\mathrm{c}$ より，$\mu mg\cos\theta_\mathrm{c} = mg\sin\theta_\mathrm{c} \rightarrow \mu = \dfrac{\sin\theta_\mathrm{c}}{\cos\theta_\mathrm{c}} = \tan\theta_\mathrm{c}$．$\theta_\mathrm{c}$ を**摩擦角**とよぶ．

8.7 (1) 物体にはたらく力：
重力 Mg，垂直抗力 N_1，人から押される力 F，静止摩擦力 F_1． 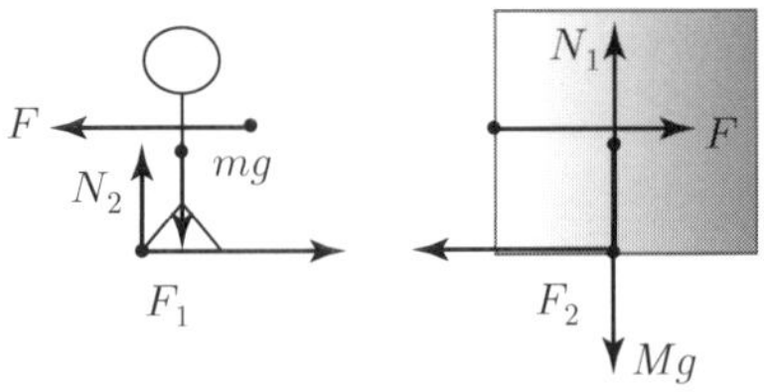
(2) 人にはたらく力：
重力 mg，垂直抗力 N_2，物体から押される力 F（人が物体を押す力の反作用力），静止摩擦力 F_2．
(3) 物体がすべる直前の最大静止摩擦力 $F_\mathrm{1m} = \mu_1 N_1 = \mu_1 Mg$．一方，人が図の左方向へすべる直前の最大静止摩擦力 $F_\mathrm{2m} = \mu_2 mg$．したがって，物体が先に動くには，$F_\mathrm{1m} < F_\mathrm{2m}$ でなくてはならないから，$\mu_1 M < \mu_2 m \rightarrow \dfrac{\mu_1}{\mu_2} < \dfrac{m}{M}$．

8.8 (1) 物体 A にはたらく力：
重力 mg，物体 B からの垂直抗力 N_A，引く力 F，静止摩擦力 F_A． 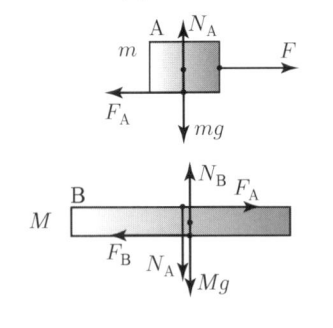
(2) 物体 B にはたらく力：
重力 Mg，床からの垂直抗力 N_B，物体 A からの垂直抗力の反作用力 N_A，静止摩擦力 F_B．
(3) つりあいの条件より，$N_\mathrm{A} = mg$，$N_\mathrm{B} = N_\mathrm{A} + Mg = (m+M)g$．物体 A が動き出す直前の最大静止摩擦力 F_Am は $F_\mathrm{Am} = \mu_\mathrm{A} N_\mathrm{A} = \mu_\mathrm{A} mg$ である．一方，物体 B がこの F_Am により動き出すためには，最大静止摩擦力 $F_\mathrm{Bm} = \mu_\mathrm{B} N_\mathrm{B} = \mu_\mathrm{B}(m+M)g$ がこれより小さくなくてはならないから，$F_\mathrm{Bm} < F_\mathrm{Am} \rightarrow \mu_\mathrm{B}(m+M) < \mu_\mathrm{A} m \rightarrow \dfrac{\mu_\mathrm{B}}{\mu_\mathrm{A}} < \dfrac{m}{m+M}$．

8.9 (1) ばねの伸びを s_1 とする．重力（鉛直下向き）mg とばねによる弾性力（鉛直上向き）ks_1 がつりあっているから，$0 = ks_1 - mg \rightarrow ks_1 = mg \rightarrow s_1 = \dfrac{mg}{k}$．
(2) それぞれのばねの伸びを s_2 とする．重力（鉛直下向き）mg とばねによる弾性力（鉛直上向き）$ks_2 + ks_2$ がつりあっているから，$0 = 2ks_2 - mg \rightarrow 2ks_2 = mg \rightarrow s_2 = \dfrac{mg}{2k}$．
2 本並列につながれたばねを 1 本にまとめて考えると，$k \rightarrow 2k$ とすればよい．
(3) それぞれのばねの伸びを s_3, s_3' とする．重力（鉛直下向き）mg とばねによる弾性力（鉛直上向

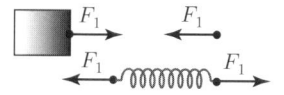

き)ks_3, ばねによる弾性力(鉛直下向き)ks_3 とばねによる弾性力(鉛直上向き) ks'_3 がつりあっているから, $0 = ks_3 - mg$ → $s_3 = \dfrac{mg}{k}$, $0 = ks_3 - ks'_3$ → $s_3 = s'_3$. 2本直列につながれたばねを1本にまとめて考えると, ばねの全体の伸びは2倍になっているから, $k \to k/2$ とすればよい.

8.10 (1) ばねの右端を(例えば手で)力 F_1 で引くということは, 左端もおなじ力 F_1 で(物体によって)引かれている. ばねは元の長さに戻ろうとするので, ばねの右端は左向きに, 左端は右向きに弾性力がはたらいている. この弾性力を右端は引っ張っている手が, 左端は物体が, それぞれ, 反作用力として感じている.

(2) 弾性力の大きさはフックの法則により $F_1 = ks$. 一方, 静止摩擦力の大きさはこの力とつりあっているので, $F_2 = F_1 = ks$

(2) 最大静止摩擦力は $F_m = \mu N$ (N は垂直効力) であるが, $N = mg$ より, $F_m = \mu mg$.

(3) $F_m = ks_m$ より, $s_m = \dfrac{\mu mg}{k}$.

9章の演習問題解答

9.1 質量 $m = 2.0$ kg, 力 $F = 10$ N より, 運動方程式から加速度 a は $a = \dfrac{F}{m} = \dfrac{10}{2} = 5.0$ m/s^2.

9.2 質量 $m = 4.0$ kg, 加速度 $a = 3.0$ m/s^2 より, 運動方程式から力 F は $F = ma = 4 \times 3 = 12$ N.

9.3 力 $F = 18$ N, 加速度 $a = 3.0$ m/s^2 より, 運動方程式から質量 m は $m = \dfrac{F}{a} = \dfrac{18}{3} = 6.0$ kg.

9.4 (1) 物体 A にはたらく力:
重力 Mg, 垂直抗力 N_A(いずれも鉛直方向), 押す力 F, 物体 B からの反作用力 F_B(いずれも水平方向).
物体 B にはたらく力: 重力 mg, 垂直抗力 N_B(いずれも鉛直方向), 物体 A からの力 F_B(いずれも水平方向). 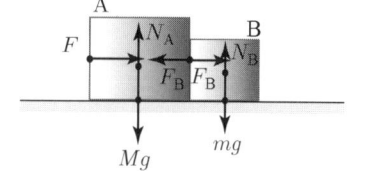
(2) 物体 A に対する運動方程式:
水平方向: $Ma = F - F_B$ ··· ①,
鉛直方向: $0 = N_A - Mg$ ··· ②.
物体 B に対する運動方程式:
水平方向: $ma = F_B$ ··· ③,
鉛直方向: $0 = N_B - mg$ ··· ④.
鉛直方向に関して, 各物体ともつりあいの状態にあり, つりあいの条件式②,④から, $N_A = Mg$, $N_B = mg$.

(3) ①と③の両辺をそれぞれ足すと $(M + m)a = F$ となるから, $a = \dfrac{F}{M + m}$ が得られる.

(4) 式③に (3) で求めた加速度 a を代入すると, $F_B = ma = \dfrac{m}{M + m}F$.

9.5 (1) $m < M$ であるから, 物体 A は上向きに, 物体 B は下向きにそれぞれ加速度が生じる. これを a とする. 各物体の運動方程式:
物体 A: $ma = T - mg$ ··· ①, 物体 B: $Ma = Mg - T$ ··· ②

(2) ①と②の両辺をそれぞれ足すと $(M+m)a = (M-m)g$ となるから，$a = \dfrac{M-m}{M+m}g$. これを①に代入すると

$$T = m\dfrac{M-m}{M+m}g + mg$$
$$= \left(\dfrac{m(M-m) + m(M+m)}{M+m}\right)g$$
$$= \left(\dfrac{mM - m^2 + mM + m^2}{M+m}\right) = \dfrac{2mM}{M+m}g.$$

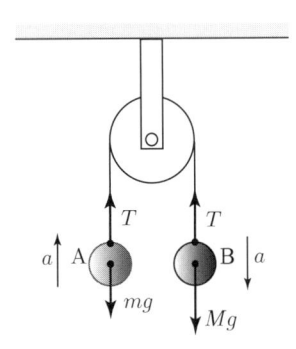

9.6 (1) ばねばかりのばね定数を k とする．地球上で物体 A をばねばかりに吊るしたときのばねの伸びを s とすると，$ks = mg$．一方，月の石 B を月でこのばねばかりをもちいて測ると $ks = Mg'$．よって，$mg = Mg'$ → $M = \dfrac{g}{g'}m$

(2) $g > g'$ であるから，$\dfrac{g}{g'} > 1$ となるので，$M = \dfrac{g}{g'}m > m$ より，$M > m$．

(3) $M > m$ であるから，**9.5** と同じように，物体 A は上向きに，月の石 B は下向きに加速度運動をはじめる．したがって，加速度 a は $M \to \dfrac{g}{g'}m$, $g \to g'$ として，

$$a = \dfrac{\dfrac{g}{g'}m - m}{\dfrac{g}{g'}m + m}g' = \dfrac{\dfrac{g}{g'} - 1}{\dfrac{g}{g'} + 1}g' = \dfrac{1 - \dfrac{g'}{g}}{1 + \dfrac{g'}{g}}g'.$$

同様に，張力は

$$T = \dfrac{2mM}{M+m}g' = \dfrac{2\dfrac{g}{g'}m^2}{\dfrac{g}{g'}m + m}g' = \dfrac{2\dfrac{g}{g'}m}{\dfrac{g}{g'} + 1}g' = \dfrac{2mg'}{1 + \dfrac{g'}{g}}.$$

解答は地球と月での重力加速度の比 $\dfrac{g'}{g} < 1$ の形で表しておいた方がみやすい．

9.7 (1) 物体 A にはたらく力:
重力 Mg, 垂直抗力 N, 張力 T．
物体 B にはたらく力: 重力 mg, 張力 T．
(2) 重力 Mg を台に対して水平方向と垂直方向に分解すると水平方向は $Mg\sin\theta$, 垂直方向は $Mg\cos\theta$. 垂直方向に対するつりあいから，$0 = N - Mg\cos\theta$ → $N = Mg\cos\theta$.
斜面に対して水平方向成分に関する物体 A に対する運動方程式:

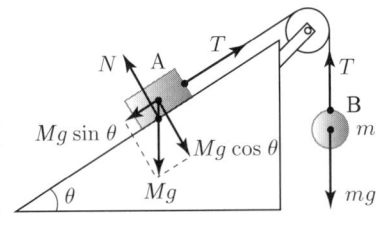

$Ma = T - mg\sin\theta = T - Mg\sin\theta \cdots$ ①.
(3) 物体 B に対する運動方程式:
$ma = mg - T \cdots$ ②.
(4) ①と②の両辺をそれぞれ足すと $(m+M)a = mg - Mg\sin\theta \rightarrow a = \dfrac{m - M\sin\theta}{m+M}g$.
(5) ②に (4) の加速度を代入すると,

$$T = m(g-a) = m\left(g - \dfrac{m-M\sin\theta}{m+M}g\right) = \left(1 - \dfrac{m-M\sin\theta}{m+M}\right)mg$$
$$= \dfrac{m+M-(m-M\sin\theta)}{m+M}mg = \dfrac{M+M\sin\theta}{m+M}mg = (1+\sin\theta)\dfrac{mMg}{m+M}.$$

9.8 (1) 物体にはたらく動摩擦力は $f' = \mu'N = \mu'mg$ であるから, 運動方程式 $ma = -f' = -\mu'mg$ となるので, $a = -\mu'g$.
(2) 等加速度運動における速度と移動距離 s の関係式から, $0 - v_0^2 = 2as \rightarrow -v_0^2 = -2\mu'gs \rightarrow s = \dfrac{v_0^2}{2\mu'g}$.
(3) 等加速度運動の式から, $v_0 + at = 0 \rightarrow v_0 - \mu'gt = 0 \rightarrow t = \dfrac{v_0}{\mu'g}$.

9.9 (1) p.59 の例題より, $a = g(\sin\theta - \mu'\cos\theta)$ となるから, $\theta = 30°$ として,

$$a = g(\sin(30°) - \mu'\cos(30°)) = g\left(\dfrac{1}{2} - \mu'\dfrac{\sqrt{3}}{2}\right) = \dfrac{g}{2}(1 - \sqrt{3}\mu').$$

(2) 物体が l' だけすべって止まったとすると, $0 - v_0^2 = 2\dfrac{g}{2}(1-\sqrt{3}\mu')l'$ から, $l' = \dfrac{v_0^2}{(\sqrt{3}\mu'-1)g}$. これが平板が水平のときすべった距離 l の 2 倍, $2l = 2 \times \dfrac{v_0^2}{2\mu'g} = \dfrac{v_0^2}{\mu'g}$ であるから, $\dfrac{v_0^2}{(\sqrt{3}\mu'-1)g} = \dfrac{v_0^2}{\mu'g}$ が成り立つ. したがって,

$$\mu' = \sqrt{3}\mu' - 1 \rightarrow (\sqrt{3}-1)\mu' = 1 \rightarrow \mu' = \dfrac{1}{\sqrt{3}-1} = \dfrac{1+\sqrt{3}}{2}.$$

9.10 (1) 物体 B を静かにはなしても下降しないときを考えよう. このとき, 物体 B と物体 A はつりあいの状態にあるので, それぞれの物体にはたらいている張力を T_0, 物体 A にはたらいている静止摩擦力を F とおくと, 物体 A に対するつりあいの条件:$0 = T_0 - F \rightarrow F = T_0$.
物体 B に対するつりあいの条件:$0 = Mg - T_0 \rightarrow T_0 = Mg$ から, $F = Mg$ となり, 物体 B にはたらく重力と物体 A にはたらく静止摩擦力が等しいことがわかる. したがって, Mg が最大静止摩擦力 $F_\mathrm{m} = \mu N = \mu mg$ より大きければ, 物体 B は下降する. この条件を式で表すと, $Mg > \mu mg \rightarrow M > \mu m$.
(2) 加速度を a, 張力を T とすると,
　　物体 A に対する運動方程式:$ma = T - \mu'mg \cdots$ ①
　　物体 B に対する運動方程式:$Ma = Mg - T \cdots$ ②.
①において, 物体 A の鉛直方向の力はつりあっているので, $N = mg$ が成り立ち, 動摩擦力 $\mu'N = \mu'mg$ とした. ①と②の両辺をそれぞれ足すと, $(m+M)a = Mg - \mu'mg = (M-\mu'm)g$ となるので, $a = \dfrac{M-\mu'm}{M+m}g$. (一般に, 静止摩擦係数の方が動摩擦係数より大きい $(\mu > \mu')$ ので, $M > \mu m$ が成立しているなら, $M > \mu'm$ は必ず成立している. もしこの関係が成立していないと, $a < 0$ となり, 物体 B は上昇してしまうことになり, 矛盾する).
(3) ②に (2) の a を代入すると,

$$T = M(g-a) = M\left(g - \frac{M-\mu'm}{M+m}g\right) = \left(1 - \frac{M-\mu'm}{M+m}\right)Mg$$
$$= \left(\frac{M+m-(M-\mu'm)}{M+m}\right)Mg = \frac{m+\mu'm}{M+m}Mg = (1+\mu')\frac{mMg}{M+m}.$$

9.11 (1) 物体 A にはたらく力：
重力 mg, 垂直抗力 N_A, 物体 B との間の静止摩擦力 f(右向き).
物体 B にはたらく力：
重力 Mg, 垂直抗力 N_B, 物体 A から受ける垂直抗力の反作用力 N_A(下向き), 物体 A から受ける静止摩擦力の反作用力 f(左向き), 動摩擦力 $f' = \mu' N_B$.
(2) 物体 A に対する運動方程式：$ma = f \cdots$ ①
(この右向きの摩擦力が物体 A を右向きに加速させる. もし, この摩擦力が左向きだとすると, 物体 A は左向きに加速度運動をはじめてしまうが, これは, 物体 A と物体 B は一体で右向きに運動している事実と矛盾する.)
(3) 鉛直方向の力についてはつりあっているので,
$0 = N_B - N_A - Mg = N_B - mg - Mg \rightarrow N_B = (m+M)g$. 水平方向に対する運動方程式：
$Ma = F - f' - f = F - \mu' N_B - f = F - \mu'(m+M)g - f \cdots$ ②.
(4) ①と②の両辺をそれぞれ足すと, $(m+M)a = F - \mu'(m+M)g$ となるから,
$$a = \frac{F - \mu'(m+M)g}{m+M} = \frac{F}{m+M} - \mu'g.$$
(5) このとき, 物体 A にはたらく静止摩擦力は最大静止摩擦力 $f_m = \mu N_A = \mu mg$ だから, ①の f にこの f_m を代入して, $ma_m = f_m \rightarrow a_m = \mu g$.

9.12 (1) ばねによる弾性力を物体は感じるので, 力の大きさは kr, 向きは中心方向である.
(2) (1) の力が等速円運動における向心力になる. 運動方程式：$ma = kr$
(3) (2), および $a = r\omega^2$ から $\omega = \sqrt{\dfrac{k}{m}}$. $T = \dfrac{2\pi}{\omega} = 2\pi\sqrt{\dfrac{m}{k}}$.

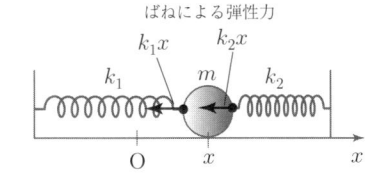

9.13 (1) 図のように x 軸を設定する. 物体にはたらく力はばねによる弾性力で, その大きさ F は, $F = (k_1+k_2)x$ である. 向きは x 軸負の向き.
(2) 運動方程式は $ma = -F$, $ma = -(k_1+k_2)x$. 符号に注意. F は大きさを表すので正である. 力の方向は負の向きである.
(3) 単振動運動を表す運動方程式 $ma = -kx$ の形に等しいので, $k = k_1+k_2$ として, 周期は $T = 2\pi\sqrt{\dfrac{m}{k}} = 2\pi\sqrt{\dfrac{m}{k_1+k_2}}$ となる.

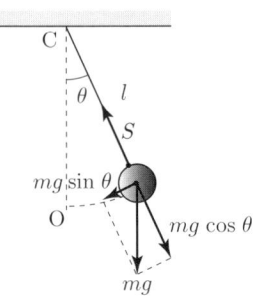

9.14 (1) 物体にはたらいている力は重力 mg（鉛直下向き）と糸の張力 S(周期 T と紛らわしいので, ここでは S とする) である (円弧の接線方向に垂直な向き).
(2) 接線方向：$mg\sin\theta$, 糸が張る方向：$mg\cos\theta$.
(3) $x = l\theta$.
(4) 接線方向にはたらく力は $mg\sin\theta$ でこれは負の向きであるから, $ma = -mg\sin\theta$.
(5) $ma = -mg\sin\theta \simeq -mg\theta = -\dfrac{mg}{l}x$.
(6) (5) の運動方程式は単振動運動を表す運動方程式 $ma = -kx$(k はばね定数) と $k = \dfrac{mg}{l}$ とすれば, 同じ形になる.

したがって，単振動運動の時の周期 $T = 2\pi\sqrt{\frac{m}{k}}$ から，$T = 2\pi\sqrt{\frac{l}{g}}$ となる．この結果から分かるように，単振り子の周期は物体の質量に関係なく，糸の長さと重力加速度の大きさで決まる．

10 章の演習問題解答

10.1 (1) $W = Fd\cos\theta = 20 \times 4.0 \times \cos(30°) = 80 \times \frac{\sqrt{3}}{2} = 69.2\cdots \simeq 69$ J.

(2) $P = \frac{W}{t} = 80 \times \frac{\sqrt{3}}{2}\frac{1}{4} = 10\sqrt{3} = 17.3\cdots = 17$ W.

10.2 重力と同じ大きさの力であるから，$F = mg = 2.0 \times 9.8 = 19.6$ N. 力 F がした仕事は，移動方向と力の向きが同じなので正の仕事である：$W = Fh = 19.6 \times 1.5 = 29.4$ J. 一方，重力がした仕事は移動方向と重力の向きが逆であるから負の仕事である：$W = Fh\cos(180°) = -Fh = -29.4$ J.

10.3 $W = mgh = 500 \times 9.8 \times 20 = 5 \times 10^2 \times 9.8 \times 2 \times 10 = 10 \times 9.8 \times 10^3 = 9.8 \times 10^4$ J $= 98$ kJ. $P = \frac{W}{t} = \frac{9.8 \times 10^4}{5} = 1.96 \times 10^4$ W $= 19.6$ kW.

10.4 (1) $W_{0.40} = \frac{1}{2}ks^2 = \frac{1}{2} \times 600 \times (4.0 \times 10^{-1})^2 = 3 \times 10^2 \times 16 \times 10^{-2} = 48$ J (指数をうまく使うと計算が楽になる).

(2) $W_{0.50} = \frac{1}{2} \times 600 \times (5.0 \times 10^{-1})^2 = 3 \times 10^2 \times 25 \times 10^{-2} = 75$ J．したがって，$W_{0.50} - W_{0.40} = 27$ J.

(3) ばねの弾性力の向きとばねが縮む向きは同じであるから，弾性力のする仕事 W は正であり，これは $W_{0.50}$ に等しいので，$W = 75$ J

10.5 (1) 重力の斜面方向成分は $mg\sin\theta$. $m = 20$ kg, $\theta = 30°$ より，$F_A = 20 \times 9.8 \times \sin(30°) = 98$ N

(2) $\frac{4}{l_A} = \sin(30°)$ より，$l_A = \frac{4}{1/2} = 8.0$ m.

(3) この仕事を W_{AC} とすると，$W_{AC} = F_A l_A$ で与えられるから，$W_{AC} = 98 \times 8 = 784$ J.

(4) この仕事率を P_{AC}，時間を $t = 80$ s とすると，$P_{AC} = \frac{W_{AC}}{t}$ から，$P_{AC} = \frac{784}{80} = 9.8$ W.

(5) $\angle CBH = \theta$ すると，$\sin\theta = \frac{4}{5} = 0.8$．したがって，$F_B = mg\sin\theta = 20 \times 9.8 \times 0.8 = 156.8$ N.

(6) この仕事を W_{BC}，距離 BC $= l_B = 5$ m とすると，$W_{BC} = F_B l_B = 784$ J.

(7) $W = mg\overline{HC} = 20 \times 9.8 \times 4 = 784$ J.

10.6 (1) 自動車が s だけ走行したときの力 F がした仕事を W とすると，$W = Fs$ で与えられる．この仕事はガソリンの燃焼によって得ることができるが，距離 s だけ走行するのに必要なガソリンは 1 リットルで，この 1 リットルのガソリンで $\frac{k}{100}Q$ だけの仕事が得られる．したがって，$W = Fs = \frac{k}{100}Q$ より，$F = \frac{k}{100}\frac{Q}{s}$.

(2) 自動車は一定の速さ v で走行しているから，s だけの距離を走行するのに $t = \frac{s}{v}$ だけの時間がかかる．したがって，仕事率を P とすると，$P = \frac{W}{t} = \frac{k}{100}Q\frac{v}{s} = \frac{k}{100}\frac{Qv}{s}$．これは確かに，$P = Fv$ となっている．

11 章の演習問題解答

11.1 (1) $m = 8.0$ kg, $v_0 = 4.0$ m/s として，物体の運動エネルギー K_0 は $K_0 = \frac{1}{2}mv_0^2 = \frac{1}{2} \times 8 \times 4^2 = 64$ J.

(2) $F = 6$ N, $s = 12$ m とする．力の水平方向成分は $F\cos(60°)$ で与えられるから，力のした仕事は $W = Fs\cos(60°) = 6 \times 12 \times \frac{1}{2} = 36$ J.

(3) 運動エネルギーの変化量がその間に力がした仕事に等しいから，$K - K_0 = W \to K = K_0 + W = 100$ J.

(4) $K = \frac{1}{2}mv^2 \to v = \sqrt{\frac{2K}{m}} = \sqrt{\frac{2 \times 100}{8}} = \sqrt{25} = 5.0$ m/s.

11.2 (1) 運動エネルギーは $\frac{m}{2}v_0^2 = \frac{2.0}{2}(4.0)^2 = 16$ J.

(2) この間の運動エネルギーの変化量は $\frac{2.0}{2}(8.0)^2 - \frac{2.0}{2}(4.0)^2 = 48$ J であるから，これが力がした仕事に等しい．

(3) 動摩擦力の大きさ F' は $F' = \mu'N = \mu'mg$ であり，距離 $s = 5.0$ m だけ物体が進むとき，この力がした（負の）仕事は $-F's$ である．この仕事と運動エネルギーの変化量（負）$-\frac{m}{2}v^2$ が等しいから，$-\frac{m}{2}v^2 = -F's$ より，$\mu' = \frac{v_0^2}{2gs} = \frac{(8.0)^2}{2 \cdot 9.8 \cdot 5.0} = 0.6530\cdots \simeq 0.65$.

11.3 (1) 運動エネルギーの変化量が動摩擦力が仕事に等しいから，
$$0 - \frac{1}{2}mv^2 = W \to W = -\frac{1}{2}mv^2.$$

(2) 動摩擦力がした仕事 W は f' を用いて，$W = -f'l$ と書けるから，
$$-f'l = -\frac{1}{2}mv^2 \to f' = \frac{mv^2}{2l}.$$

(3) PQ 間では動摩擦力の大きさは $f' = \mu'mg$ となるから，$\mu'mg = \frac{mv^2}{2l} \to \mu' = \frac{v^2}{2gl}$.

(4) この間物体の力はつりあっているので，ここでの垂直抗力を N とし，つりあいの条件式を考える．
水平方向: $0 = F\cos\theta - \mu'N \to F\cos\theta = \mu'N$.
鉛直方向: $0 = N - mg - F\sin\theta \to N = mg + F\sin\theta$.
したがって，
$$F\cos\theta = \mu'(mg + F\sin\theta) = \mu'mg + F\mu'\sin\theta$$
$$\to F(\cos\theta - \mu'\sin\theta) = \mu'mg \to F = \frac{\mu'mg}{\cos\theta - \mu'\sin\theta}.$$

(3) の μ' を代入して，$F = \dfrac{\frac{v^2}{2gl}mg}{\cos\theta - \frac{v^2}{2gl}\sin\theta} = \dfrac{mv^2 g}{2gl\cos\theta - v^2\sin\theta}$.

(5) F は一定であるから，仕事率 P は $P = Fv = \dfrac{mv^3 g}{2gl\cos\theta - v^2\sin\theta}$.

11.4 (1) 位置エネルギーを U とすると，$U = mgh = 0.5 \times 9.8 \times 10 = 49$ J.

(2) 物体が蓄えているエネルギーと重力がした仕事が等しいから，$W = U = 49$ J.

(3) エネルギーの原理より運動エネルギーの変化量が重力のした仕事と等しいから，$K = W = 49$ J

(4) 速さを $|v|$ とすると, $K = \frac{1}{2}mv^2$ であるから,

$$|v| = \sqrt{\frac{2K}{m}} = \sqrt{\frac{2 \times 49}{0.5}} = 14 \text{ m/s}.$$

11.5 (1) 弾性力に逆らって物体を引く力がした仕事を W とすると,

$$W = \frac{1}{2}ks^2 W = \frac{1}{2} \times 100 \times (0.1)^2 = 0.5 \times 100 \times (1.0 \times 10^{-1})^2 = 50 \times 10^{-2} = 0.50 \text{ J}.$$

(2) 蓄えられたエネルギーを U とすると, これは (1) の力がした仕事に等しいから $U = W = 0.50$ J.
(3) ばねが s から自然長になるまでに, 弾性力がした仕事は W に等しい. エネルギーの原理より, これが運動エネルギーの変化量に等しいので, 求める速さを v とすると, $\frac{1}{2}mv^2 - 0 = W$ が成り立つから, $v = \sqrt{\frac{2W}{m}} = \sqrt{\frac{2 \times 0.50}{1}} = 1.0$ m/s

11.6 物体の運動エネルギーの変化量は $0 - \frac{1}{2}mv^2 = -\frac{1}{2}mv^2$ である. 一方, 物体はばねによる弾性力を受けるが, この力の向きは, 物体が移動する向きと逆である. したがって, ばねによる弾性力がする仕事 W は負であり, $W = -\frac{1}{2}ks^2$ である. 運動エネルギーの変化量と仕事の関係により, これらが等しいから,

$$-\frac{1}{2}mv^2 = -\frac{1}{2}ks^2 \quad \rightarrow \quad s = \sqrt{\frac{mv^2}{k}} = |v|\sqrt{\frac{m}{k}}$$

となる.

11.7 (1) 重力とばねによる弾性力がつりあっているから, $0 = ky_0 - mg \quad \rightarrow \quad y_0 = \frac{mg}{k}$.
(2) 重力による位置エネルギーは s だけ低い位置にあるから $U_{重力} = -mgs$. 一方, ばねは $y_0 + s$ だけ伸びているから, 弾性力による位置エネルギーは $U_{ばね} = \frac{1}{2}k(y_0 + s)^2 = \frac{1}{2}k\left(\frac{mg}{k} + s\right)^2$. 物体のもつ位置エネルギー U はこれらの和に等しいから,

$$U = U_{重力} + U_{ばね} = -mgs + \frac{1}{2}k\left(\frac{mg}{k} + s\right)^2 = \frac{1}{2}\frac{(mg)^2}{k} + \frac{1}{2}ks^2.$$

(3) 求める物体の位置を y とする (鉛直上向きを y 軸の正の向きとし, (1) の位置を $y = 0$ とする). 物体がこの位置に達した時, 速度はゼロである. このとき, 物体が持つ位置エネルギーは,

$$U(y) = mgy + \frac{1}{2}k(y - y_0)^2 = mgy + \frac{1}{2}k\left(y - \frac{mg}{k}\right)^2 = \frac{1}{2}ky^2 + \frac{1}{2}\frac{(mg)^2}{k}.$$

となる. この $U(y)$ と (2) の U が等しいから,

$$\frac{1}{2}\frac{(mg)^2}{k} + \frac{1}{2}ks^2 = \frac{1}{2}ky^2 + \frac{1}{2}\frac{(mg)^2}{k} \quad \rightarrow \quad y = \pm s$$

となるので, $y > 0$ から, $y = s$ である. したがって, 物体は $y = -s$ から $y = s$ の間 (ばねの伸びと重力がつりあっている位置を中心として) の単振動運動となる.

12 章の演習問題解答

12.1 鉛直上向きを y 軸正の向きとし, 地面 ($y = 0$) を位置エネルギーの基準 (すなわち, $U_0 = U(0) = 0$) にとる. 高さ $y_A = h$ における力学的エネルギー E_A は $E_A = K_A + U_A = mgh$. 次に, 高さ y における力学的エネルギー E は $E = K + U = \frac{1}{2}mv^2 + mgy$. 力学的エネル

ギー保存則より，これらが等しいので，$E_A = E$, → $mgh = \frac{1}{2}mv^2 + mgy$. したがって，$v = -\sqrt{2g(h-y)}$. 地面に衝突する直前の速さは，$|v| = \sqrt{2gh} = \sqrt{2 \times 9.8 \times 40} = 28$ m/s.

12.2 (1) 点 A でのおもりの位置エネルギーおよび運動エネルギーを，それぞれ，U_A, K_A とする．AB 間の高さは $l - l\cos(60°) = \frac{l}{2}$ で与えられるから，$U_A = \frac{1}{2}mgl$. 一方，K_A は，おもりが静止しているからゼロである ($K_A = 0$).

(2) 点 B での位置エネルギー U_B はゼロである．重力のした仕事 W_{AB} は，AB 間のおもりの位置エネルギーの差 $U_A - U_B$ (変化量でないことに注意) に等しいから，$W_{AB} = U_A - U_B = \frac{mgl}{2}$. 一方，張力は常におもりの運動方向に対して常に垂直であるから，張力のした仕事はゼロである．

(3) 点 A および点 B での力学的エネルギーをそれぞれ E_A, E_B, 点 B での速さを v_B とする．力学的エネルギー保存則より，$E_A = E_B$ → $U_A = K_B$ → $\frac{1}{2}mgl = \frac{1}{2}mv_B^2$ から，$v_B = \sqrt{gl}$.
(点 A でおもりが持っていた全エネルギーが点 B で運動エネルギーに変換されるので，おもりは最大の速さで最下点 B を通過する．)

(4) 点 C でのおもりの位置エネルギーおよび運動エネルギーを，それぞれ，U_C, K_C とし，速さを v_C とする．点 BC 間の高さは，図より，$l - l\cos\theta = l(1 - \cos\theta)$ で与えられるから，$U_C = mgl(1 - \cos\theta)$ となる．また，運動エネルギーは $K_C = \frac{1}{2}mv_C^2$ であり，力学的エネルギー E_C は $E_C = K_C + U_C$ である．力学的エネルギー保存則により，$E_A = E_B = E_C$ であるから，$\frac{1}{2}mgl = \frac{1}{2}mv_C^2 + mgl(1 - \cos\theta)$ → $v_C = \sqrt{(2\cos\theta - 1)gl}$

(5) まず，おもりがどの高さまで上昇できるかを考えよう．おもりが最も高く上昇した時の角度を θ_m とすると，そこでは，おもりの速度はゼロであるから，力学的エネルギー保存則より，$\frac{1}{2}mgl = mgl(1 - \cos\theta_m)$ の関係が成り立つ．これから，$\sin\theta_m = \frac{1}{2}$ より，$\theta_m = 60°$ と求まる．これから，おもりは点 A と同じ高さの点 D まで上昇することができる．したがって，おもりは点 C を通過した後，点 A と同じ高さの点 D に達し，同じ経路をたどって，点 A へもどり，後はこの繰り返しの運動 (周期運動) となる

12.3 (1) E_A $\frac{1}{2}mv_A^2 + mgh_A$.

(2) 点 B における力学的エネルギーを E_B とすると，$E_B = \frac{1}{2}mv_B^2$. 力学的エネルギー保存則より，$E_A = E_B$ から，$\frac{1}{2}mv_A^2 + mgh_A = \frac{1}{2}mv_B^2$ → $v_B = \sqrt{v_A^2 + 2gh_A}$.

(3) 点 C における力学的エネルギーを E_C とすると，$E_C = \frac{1}{2}mv_C^2 + mgh_C$. 力学的エネルギー保存則より，$E_A = E_C$ から，$\frac{1}{2}mv_A^2 + mgh_A = \frac{1}{2}mv_C^2 + mgh_C$ → $v_C = \sqrt{v_A^2 - 2g(h_C - h_A)}$.

(4) 自由落下運動の式 $h_C = \frac{1}{2}gt^2$ から，$t = \sqrt{\frac{2h_C}{g}}$.

(5) 水平方向は等速度運動であるから，$x = v_C t = \sqrt{v_A^2 - 2g(h_C - h_A)}\sqrt{\frac{2h_C}{g}}$.

(6) 力学的エネルギー保存則より，$v_E = v_B = \sqrt{v_A^2 + 2gh_A}$.

(7) $\cos\theta = \frac{v_C}{v_E} = \frac{\sqrt{v_A^2 + 2g(h_A - h_C)}}{\sqrt{v_A^2 + 2gh_A}} = \sqrt{1 - \frac{2gh_C}{v_A^2 + 2gh_A}}$

→ $\theta = \text{Arccos}\left(\sqrt{1 - \frac{2gh_C}{v_A^2 + 2gh_A}}\right)$.

12.4 (1) 位置エネルギー：$U = mgh = 0.100 \times 9.80 \times 0.400 = 0.392$ J.

(2) 点 B における速さを v_B とすると力学的エネルギー保存則より，$U = \frac{1}{2}mv_B^2$ が成り立つから，$v_B = \sqrt{2gh} = \sqrt{2 \times 9.8 \times 0.4} = \sqrt{7.84} = 2.80$ m/s.

(3) ばねの縮みを s とすると，力学的エネルギー保存則より，$U = \frac{1}{2}ks^2$ が成り立つから，$s = \sqrt{\frac{2mgh}{k}} = \sqrt{\frac{2 \times 0.1 \times 9.8 \times 0.4}{4.9}} = \sqrt{0.16} = 0.40$ m.

(4) 与える速さを v とする．ばねの縮みが 2 倍となると弾性エネルギーは 4 倍となるから，力学的エネルギー保存則より，$\frac{1}{2}mv^2 + mgh = 4 \times \frac{1}{2}ks^2$ が成り立つが，$mgh = \frac{1}{2}ks^2$ より，$\frac{1}{2}mv^2 = 3mgh$ となるので，$v = \sqrt{6gh} = \sqrt{6 \times 9.8 \times 0.4} = 4.8497\cdots \simeq 4.85$ m/s.

12.5 (1) 物体にはたらいている力は，重力（鉛直下向き）mg と弾性力（鉛直上向き）kl である．これらがつりあっているので，つりあいの条件式より，$0 = kl - mg \rightarrow kl = mg \rightarrow k = \frac{mg}{l}$.

(2) A での物体の速度を v_A とすると，A における力学的エネルギー E_A は $E_A = \frac{1}{2}mv_A^2 + \frac{1}{2}kl^2$ である．ただし，A を位置エネルギーの基準とし，$U_A = 0$ とした．次に，B における力学的エネルギーを E_B とすると，$E_B = -mgl + \frac{1}{2}k(2l)^2$ であるが，力学的エネルギー保存則より，$E_A = E_B$ が成り立つから，

$$\frac{1}{2}mv_A^2 + \frac{1}{2}kl^2 = -mgl + \frac{1}{2}k(2l)^2 \rightarrow \frac{1}{2}mv_A^2 = -\frac{1}{2}\frac{mg}{l}l^2 - mgl + \frac{1}{2}\frac{mg}{l}4l^2 = \frac{1}{2}mgl.$$

ゆえに，$v_B = \sqrt{gl}$（B は位置エネルギの基準点 A より l だけ低いので，$U_B = -mgl$ と負になることに注意）．

位置エネルギーの基準を B にとっても結果は同じになる（自ら確かめよ）．

(3) 鉛直上向きを正の方向にとり，おもりが上昇する位置を A を原点として y とする．おもりが y の位置に達するとき，おもりの速度はゼロであるから，力学的エネルギー E は，$E = mgy + \frac{1}{2}k(l-y)^2$ で，これが E_B に等しいので，$E = E_B \rightarrow mgy + \frac{1}{2}k(l-y)^2 = -mgl + \frac{1}{2}k(2l)^2$ したがって，

$$mgy + \frac{1}{2}\frac{mg}{l}(l^2 - 2ly + y^2) = -mgl + \frac{1}{2}\frac{mg}{l}4l^2 \rightarrow \frac{1}{2}mgl + \frac{1}{2}\frac{mgy^2}{l} = mgl$$

$$\rightarrow \frac{1}{2}\frac{mgy^2}{l} = \frac{1}{2}mgl \rightarrow y = l.$$

これは，ばねが自然長になったときである．

12.6 (1) 物体にはたらいている力は，重力（鉛直下向き）mg と弾性力（鉛直上向き）kl である．これらがつりあっているので，つりあいの条件式より，$0 = kl - mg \rightarrow kl = mg \rightarrow k = \frac{mg}{l}$.

(2) 点 B を重力による位置エネルギーの基準にとる（$U_B = 0$）と，そこでの力学的エネルギー E_B は $E_B = \frac{1}{2}kl^2 = \frac{1}{2}mgl$ であり，点 A のおける力学的エネルギーは，$E_A = mgl$ である．これらの変化量 $E_A - E_B$ が垂直抗力のした仕事に等しいから，これを W_{BA} とすると，$W_{BA} = E_A - E_B = mgl - \frac{1}{2}mgl = \frac{1}{2}mgl$ となる．垂直抗力の向きと移動する向きが同じなので，これは正の仕事である．

(3) 点 B における力学的エネルギーは，$E_B = \frac{1}{2}m\left(\frac{\sqrt{gl}}{2}\right)^2 + \frac{1}{2}\frac{mg}{l}l^2 = \frac{5}{8}mgl$ である．垂直抗力がす

る仕事 W_{AB} は，力学的エネルギーの変化量 $E_B - E_A$ に等しいから，$W_{AB} = \frac{5}{8}mgl - mgl = -\frac{3}{8}mgl$ となる．今度は垂直抗力の向きと移動する向きが逆なので，これは負の仕事である．

13 章の演習問題解答

13.1 衝突前後の自動車の速度をそれぞれ v, v' とし，衝突前の運動方向を負とする．したがって，$v = 72$ km/h $= -72 \times \frac{1000 \text{ m}}{3600 \text{ s}} = -20$ m/s, $v' = 3.0$ m/s．また，$m = 1000 = 1.0 \times 10^3$ kg, $\Delta t = 0.1$ s とする．運動量の変化量は $mv' - mv = m(v' - v) = 1.0 \times 10^3 \times (3-(-20)) = 2.3 \times 10^4$ N·s でこれが力積 $\bar{F}\Delta t$ に等しいから，$\bar{F} = \frac{mv' - mv}{\Delta t} = \frac{2.3 \times 10^4}{0.10} = 2.3 \times 10^5$ N．

13.2 宇宙空間は真空 (空気がない) であるから，泳いでも進むことはできない (かき分ける空気がないから)．宇宙船へ戻るには宇宙船と反対の方向へ何か物を投げるしかない．例えば，人の質量を $m_人 = 101$ kg(宇宙服も含めて)，履いている靴を $m_靴 = 1$ kg として，速度 $v_靴 = 10$ m/s(時速 30 km) で投げたとすると，運動量の保存則より，$0 = (m_人 - m_靴)v_人 + m_靴 v_靴$ が成り立つから ($v_人$ は靴を投げた後の人の速度)，$v_人 = -\frac{m_靴 v_靴}{(m_人 - m_靴)} = -\frac{10}{100} = -0.1$ m/s となる．したがって，人は靴を投げた方向と反対方向へ毎秒 10 cm 進む．

13.3 求めるロケットの (地上からみた) 速度を V' とする．まず，地上からみた燃料の速度 v を考える．燃料は (V' で飛んでいる) ロケットからみて，u で噴射されているから，相対速度 $u = v - V'$ より，$v = u + V'$ で与えられる．運動量の保存則より，$MV = (M-m)V' + mv = (M-m)V' + m(u+V')$ が成り立つから，$MV = MV' + mu \rightarrow V' = V - \frac{m}{M}u$．$V$ の向きを正とすると，燃料は後方へ噴射されているから $u < 0$ である．したがって，$V' > V$ である．

13.4 (1) 力積の大きさ $\bar{F}\Delta t$ は F-t グラフの面積に等しいから，
$$\bar{F}\Delta t = \frac{4.0 \times 10^{-3} \times 2.5 \times 10^3}{2} = 5.0 \text{ N·s.}$$

(2) ボールの速度を v とする．運動量の変化量が力積を与えるから，$mv - 0 = \bar{F}\Delta t \rightarrow v = \frac{\bar{F}\Delta}{m} = \frac{5}{0.1} = 50$ m/s (時速 180 km).

13.5 (1) B の運動量の変化量は $m_B v'_B - m_B v_B = 1 - (-1) = 2$ N·s であるがこれが B が A から受けた力積である．A が B から受けた力積は，作用・反作用の法則より，$\bar{F}_{B \to A}\Delta t = -2$ N·s (x 軸負の向き)．(力積はベクトル量なので向きがあることに注意)．

(2) 運動量の保存則より，$m_A v_A + m_B v_B = m_A v'_A + m_B v'_B \rightarrow 2 \times 1 + 1 \times (-1) = 2v'_A + 1 \rightarrow 2v'_A = 0 \rightarrow v'_A = 0$.

(3) $e = -\frac{v'_A - v'_B}{v_A - v_B} = -\frac{0 - 1}{1 - (-1)} = 0.50$.

(4) 衝突前の運動エネルギー: $K = \frac{1}{2}m_A v_A^2 + \frac{1}{2}m_B v_B^2 = \frac{1}{2} \times 2 \times 1 + \frac{1}{2} \times 1 \times 1 = 1.5$ J

衝突後の運動エネルギー: $K' = \frac{1}{2}m_A(v'_A)^2 + \frac{1}{2}m_B(v'_B)^2 = \frac{1}{2} \times 1 \times 1 = 0.5$ J

したがって，$K - K' = 1.5 - 0.5 = 1.0$ J.

13.6 衝突前の速度を重心速度，相対速度で表すと，$v_A = V_c + \frac{m_B}{M}v_r$, $v_B = V_c - \frac{m_A}{M}v_r$，となる．衝突前の 2 つの小球の運動エネルギーの和を K とすると，
$$K = \frac{1}{2}m_A v_A^2 + \frac{1}{2}m_B v_B^2$$
$$= \frac{1}{2}m_A\left(V_c^2 + 2\frac{m_B}{M}v_r V_c + \frac{m_B^2}{M^2}v_r^2\right) + \frac{1}{2}m_B\left(V_c^2 - 2\frac{m_A}{M}v_r V_c + \frac{m_A^2}{M^2}v_r^2\right)$$

$$= \frac{1}{2}MV_c^2 + \frac{1}{2}\frac{m_A m_B}{M}v_r^2.$$

同様に衝突後の 2 つの小球の運動エネルギーの和を K' とすると，式 (13.13) と式 (13.14) をつかって，

$$\begin{aligned}K' &= \frac{1}{2}m_A(v'_A)^2 + \frac{1}{2}m_B(v'_B)^2 \\ &= \frac{1}{2}m_A\left(V_c^2 - 2e\frac{m_B}{M}v_r V_c + e^2\frac{m_B^2}{M^2}v_r^2\right) + \frac{1}{2}m_B\left(V_c^2 + 2e\frac{m_B}{M}v_r V_c + e^2\frac{m_B^2}{M^2}v_r^2\right) \\ &= \frac{1}{2}MV_c^2 + \frac{1}{2}e^2\frac{m_A m_B}{M}v_r^2.\end{aligned}$$

したがって，運動エネルギーの減少分は

$$K - K' = \frac{1-e^2}{2}\frac{m_A m_B}{M}v_r^2 = \frac{1-e^2}{2}\frac{m_A m_B}{M}(v_A - v_B)^2.$$

13.7 (1) ボールが 1 回衝突するまでの時間を t_1 とする．地面に衝突する直前の鉛直方向の速さ $|v_y|$ は鉛直方向の初速度の大きさに等しいので，鉛直投げ上げ運動の位置の式から，$|v_y|t_1 - \frac{1}{2}gt_1^2 = 0$ を t_1 について解いて $t_1 = \frac{2|v_y|}{g}$ となる．1 回目の衝突後から 2 回目の衝突までの時間を t_2 とすると，この間の運動は鉛直方向の初速度の大きさが $|v'_y| = e|v_y|$ の斜方投射運動であるから，$t_2 = \frac{2e|v_y|}{g}$ となる．この考察を繰り返すことにより，k 回目の衝突後から $k+1$ 回目の衝突までの時間 t_k は，$t_k = \frac{2e^k|v_y|}{g}$ となることが分かる．したがって，n 回衝突するまでの時間 T_n は，$T_n = t_1 + t_2 + \cdots = \sum_{k=1}^{n} t_k$ で与えられるから，

$$T_n = \sum_{k=1}^{n}\frac{2e^k|v_y|}{g} = \frac{2|v_y|}{g}\sum_{k=1}^{n}e^k = \frac{2|v_y|}{g}\frac{1-e^{n+1}}{1-e}$$

となる．最後の計算は等比級数の和である．$e < 1$ のとき，$\lim_{n\to\infty}e^{n+1} = 0$ となるから，求める時間は $T_\infty = \lim_{n\to\infty} = \frac{2|v_y|}{g}\frac{1}{1-e}$．物体は T_∞ の後，鉛直方向成分の速度を持たないので，地面に沿って等速度運動を行う．

(2) $e = 1$ のとき，1 回目の衝突で鉛直方向成分の速さは変化しない．したがって，衝突後のボールの運動は最初と全く同じ斜方投射運動である．このことから，ボールはいつまでも斜方投射運動を続けるので，T_∞ は無限大となる．$e = 0$ のときは，1 回目の衝突後鉛直方向成分の速度はゼロとなる．したがって，その後は地面に沿っての等速度運動となるので，$T_\infty = t_1 = \frac{2|v_y|}{g}$．

索　引

■ 英数字

1次関数　　12, 22, 24
2階微分　　97
2次関数　　23, 25
CGS単位　　2
MKS単位系　　2
$v\text{-}t$ グラフ　　11
$x\text{-}t$ グラフ　　7

■ あ　行

位置　　6
　　――エネルギー　　75, 76
　　――の変化量　　8
　　――ベクトル　　27
移動距離　　8
運動エネルギー　　72
運動の法則　　55
運動方程式　　56
運動量　　91
　　――保存則　　92
エネルギーの原理　　72
鉛直下向き　　21
鉛直投げ上げ運動　　23
鉛直投げ下ろし運動　　26

■ か　行

角振動数　　42
角速度　　38

関数　　7
慣性の法則　　55
逆関数　　29
曲線運動　　27
組立式　　3
向心加速度　　39
向心力　　57
合力　　46
弧度法　　37

■ さ　行

最大静止摩擦力　　50
作用　　48
作用・反作用の法則　　48, 55
三角関数　　42
次元　　2
　　――解析　　3
仕事　　65
　　――率　　69
質量　　48
射影　　42
斜方投射運動　　31
周期　　38, 42
重心　　48
　　――速度　　94
従属変数　　7
自由落下運動　　21
重力　　21, 48
　　――加速度　　21

索　　引

──のする仕事　66
瞬間の速度ベクトル　28
瞬間の加速度　15
瞬間の加速度の大きさ　16
瞬間の速度　9, 10
瞬間の速さ　11
初期位置　11
初期条件　11
初速度　11
振幅　42
垂直抗力　49
水平投射運動　29
スカラー　8
静止摩擦係数　50
静止摩擦力　50
積分　98
　　──変数　98
接線の傾き　10, 15, 23, 25
接頭語　4
切片　12, 22, 24
相対速度　94
速度　9
　　──の分解　28

■ た　行

単位　2
単振動運動　42, 60
弾性力　50
　　──による位置エネルギー　76
単振り子運動　63
力が位置に依存するときの仕事　68
力の作用線　46
力の表し方　45
力の合成　46
力の三要素　46
力のつりあい　46
力の分解　47
張力　50
直線　12
　　──の傾き　9, 12
直交　40
定積分　98
転回点　84, 86

等加速度運動　16
等速度運動　11
動摩擦係数　59
動摩擦力　59
独立変数　7

■ な　行

内積　40
ニュートン方程式　56

■ は　行

はねかえり係数　93
ばね定数　51
速さ　9
反作用　48
反発係数　93
微分　97
　　──演算子　103
非保存力　79, 86
フックの法則 (Hooke's Law)　50
不定積分　98
平均の加速度　15
平均の速度　9
　　──ベクトル　28
ベクトル　8, 45
　　──の和　46
変位　8
　　──ベクトル　28
変化量　8
変数　7
　　──分離の方法　100
偏微分　103
放物線　29, 31
放物運動　27
保存力　67, 78, 86

■ ま　行

摩擦力　50

■ ら　行

力学的エネルギー　82
　　──保存則　82
力積　91

著者略歴

柴 田 絢 也
(しば た じゅん や)

2001年	東北大学大学院理学研究科博士後期課程修了 博士（理学）
2002年	日本学術振興会特別研究員(PD)
2003年	独立行政法人理化学研究所フロンティア研究システム研究員
2007年	神奈川工科大学基礎・教養教育センター物理系列准教授
2010年	東洋大学理工学部電気電子情報工学科准教授

主要著書
物理学実験（学術図書，2011）

Ⓒ 柴田絢也 2013

2013年 4 月 10 日 初 版 発 行
2023年 3 月 28 日 初版第 7 刷発行

力 学 基 礎

著 者 柴田絢也
発行者 山本 格

発行所 株式会社 培風館

東京都千代田区九段南 4-3-12・郵便番号 102-8260
電 話(03)3262-5256(代表)・振 替 00140-7-44725

D.T.P. アベリー・平文社・牧 製本

PRINTED IN JAPAN

ISBN 978-4-563-02503-8 C3042